W0257477

Die

Privatforstwirthschaft

in Preußen.

Von

Ernst Arndt,

Königlichem Oberförster.

Springer-Verlag Berlin Heidelberg GmbH 1889

ISBN 978-3-662-32314-4   ISBN 978-3-662-33141-5 (eBook)
DOI 10.1007/978-3-662-33141-5

Druck von E. Buchbinder in Neu-Ruppin.

Vorwort.

Preußen ist ein Land, dessen großen Theils armer Boden auf ausgedehnten Betrieb der Waldwirthschaft hinweist. Sein durchschnittliches Bewaldungsprocent (23,4 %) ist zwar trotzdem kein sehr hohes, doch würde es allen Ansprüchen, welche man in Rücksicht auf das allgemeine Wohl zu stellen berechtigt ist, immerhin noch genügen, wenn es allein auf die Größe, nicht auch auf den Zustand der Waldungen ankäme.

Von der gesammten Waldfläche entfallen auf Kron-, Staats- und Staatsantheilsforsten 30,3 %, auf Gemeindeforsten 12,0 %, auf Stiftungsforsten 1,1 %, auf Genossenforsten 2,9 %, auf im Sondereigenthum befindliche Privatforsten schließlich 53,7 %[1]). Nimmt man nun mit der Mehrzahl der neueren Schriftsteller an, daß ein Land wenigstens zum fünften oder sechsten Theil mit pfleglich behandelten Waldungen bedeckt sein muß, um nicht empfindlich unter den Folgen des Waldmangels zu leiden, so liegt es auf der Hand, daß der Zustand jener 53,7 % der gesammten Waldfläche, welche der freie Privatwald einnimmt, entscheidend für das Wohl und Wehe des Landes ist, soweit dasselbe vom Walde abhängt.

Wenn nun auch dieser Zustand keineswegs schon durchweg als genügend bezeichnet werden kann, so läßt es sich doch nicht verkennen, daß es genug sehr gut bewirthschaftete Privatforsten giebt, und daß in den Kreisen der größeren Waldbesitzer wenigstens der ernste Wille, für den Wald etwas zu thun, immer mehr Boden gewinnt. Hiermit allein ist es jedoch noch nicht gethan; es muß auch das Können

---

[1]) Vergl. die als Anhang beigefügte Tabelle II „die Forsten Preußens nach dem Besitzstande im Jahre 1883". Diese Tabelle ist dem Augustheft 1884 der „Monatshefte zur Statistik des deutschen Reichs" entnommen.

hinzutreten, um die Selbsthilfe perfect werden zu lassen. Wo das Eine oder das Andere, oder auch Beides fehlt, hat der Staat die Verpflichtung durch Hilfe oder Zwang, je nachdem, auf die Waldwirthschaft einzuwirken.

Wenn der Verfasser es in den meisten der nachfolgenden Abschnitte versucht hat, jenem ernsten Willen entgegen zu kommen, so ist er sich wohl bewußt, daß er zur Erfüllung dieser großen und schweren Aufgabe nur ein geringes Scherflein beizutragen vermag. Die Waldwirthschaft ist so vielseitig, namentlich aber je nach den örtlichen Verhältnissen an so verschiedene Bedingungen geknüpft, daß eine erschöpfende Behandlung des Stoffs viele Bände füllen würde. Der Zweck der vorliegenden Arbeit kann daher auch nicht sein, eine Alles umfassende Anleitung zur Bewirthschaftung der Privatforsten zu geben; es soll vielmehr durch den Vergleich des von der Wissenschaft als richtig Erkannten mit den eigenen Beobachtungen in zahlreichen großen und kleinen Privatwaldungen die Zweckmäßigkeit der Wirthschaft geprüft, beziehungsweise durch Abänderungsvorschläge anregend gewirkt werden.

Wenn die Lösung dieser Aufgabe viel zu wünschen übrig läßt, so darf es vielleicht als Entschuldigung gelten, daß es nicht ganz leicht ist, die Mittelstraße zwischen Specialisiren und Generalisiren zu halten.

Wo sich irgend Gelegenheit bot, hat Verfasser es versucht, nach berühmten Mustern einen rothen Faden einzuflechten. Wie in Gayer's „Waldbau" immer und immer wieder auf die Wichtigkeit der Erhaltung der productiven Bodenkraft hingewiesen wird, ist hier die Nothwendigkeit der Nutzholzwirthschaft betont worden.

Streifzüge auf volkswirthschaftliches und forstpolitisches Gebiet konnten nicht vermieden werden, weil erstens die Forstwirthschaft mehr oder minder von der allgemeinwirthschaftlichen Lage abhängt, und weil zweitens die Bedeutung des Waldes für das öffentliche Wohl immer mehr in den Vordergrund tritt. Das Verhältniß des Staats zur Privatwaldwirthschaft, welches dadurch bedingt wird, sollte nicht nur die Waldbesitzer, sondern auch die gebildeten, nicht Wald besitzenden Laien interessiren. Daß solchen die vorliegende Arbeit in die Hände fallen wird, ist zwar nicht wahrscheinlich, doch immerhin möglich. Aus diesem Born können dieselben vielleicht nicht viel schöpfen, es würde aber schon Manches gewonnen sein, wenn sie eine Anregung erhielten, etwas von dem zu lesen, was die Koryphäen der Wissenschaft über die Bedeutung des Waldes für das allgemeine Wohl geschrieben haben.

Es ist auffallend, welche Unkenntniß und Gleichgültigkeit im großen Publicum in Betreff alles dessen herrscht, was mit dem Walde und seiner Bewirthschaftung, mit seinem Thier- und Pflanzenleben zusammen- hängt, obwohl fast ein Viertel der Gesammtfläche des Landes forst- wirthschaftlich genutzt wird, und die Waldschwärmerei nirgends so zu Hause ist wie bei uns. Pfeil's Ausspruch, „daß der Forstmann es in der Hand habe, ob unser Vaterland statt 10 Millionen 20 Millionen glücklicher Bürger ernähren solle", geht zu weit, sollte aber doch auch das Laienpublicum zum Nachdenken anregen.

Am schlagendsten beweisen diese Gleichgültigkeit und Unwissenheit in forstlichen und verwandten Dingen die bezüglichen Notizen, welche zuweilen durch die Zeitungen laufen. So erinnert sich vielleicht dieser oder jener sachverständige Leser der haarsträubenden Details über die Lebensweise des Kiefernspinners, welche im Frühjahr des verflossenen Jahres den Zeitungslesern aufgetischt wurden! Auch in anderen Kleinigkeiten zeigt sich diese Erscheinung; so geht die bescheidene mär- kische Sandkiefer unbeanstandet als stolze Fichte oder noch stolzere Tanne durch; der Hühnerhabicht, welcher nach der Residenz übergesiedelt ist, um dort der allzu großen Vermehrung der Tauben zu steuern, wird zum harmlosen „Thurmfalken", weil der Schutzmann ihn mit dem Teschin vom Kirchthurm herabholt!

Es mag sein, daß die relative Jugend der Forstwissenschaft, die Unmöglichkeit plötzlicher und glänzender Erfolge, nach denen die Welt allein urtheilt, die erklärliche Neigung des Städters, im Walde sich nur zu erholen, nicht aber über seine Bedeutung nachzudenken, der von den Geistescentren entfernte Wohnsitz der verhältnißmäßig wenigen Forst- beamten, schließlich auch der Umstand, daß bis vor einigen Jahren nur ausnahmsweise an den Universitäten Forstleute studirten, an dieser allgemeinen Interesselosigkeit die Schuld tragen. Wie dem aber auch sei, zu bedauern ist es jedenfalls, daß wir damit rechnen müssen, besonders in den Fällen, wo das Urtheil des Laien über wichtige volkswirth- schaftliche Fragen entscheidet, welche mit dem Walde zu thun haben.

Abgesehen von den besonderen Glücksfällen, wo vielleicht dieser oder jener Laie einen Blick in das vorliegende Buch wirft, ist es für die gebildeten größeren und mittleren Waldbesitzer bestimmt und zwar vorzugsweise für die in den östlichen Provinzen unseres engeren Vaterlandes ansässigen. Der Wald besitzende Kleingrundbesitzer liest ein landwirthschaftliches Buch vielleicht vereinzelt, ein forstliches nur in ganz seltenen Ausnahmefällen; und wenn er es thut, so hat er keinen Gewinn davon, weil es seinen wirthschaftlichen oder unwirthschaftlichen Intentionen nicht entspricht.

Sollte es dem Verfasser vergönnt sein, durch die vorliegende Schrift auch nur ein wenig an dem Gesundungsproceß der Privatforstwirthschaft mitwirken zu können, so würde ihm das ein hoher Lohn sein!

Zum Schluß sei noch bemerkt, daß die Worte „Wald" und „Forst", sowie die damit zusammengesetzten gleichbedeutend gebraucht worden sind. Es ist dies lediglich in Rücksicht auf den Wohlklang geschehen.

Ullersdorf bei Liebau in Schlesien, im März 1889.

Der Verfasser.

Inhaltsverzeichniß.

		Seite
I.	Allgemeine Verhältnisse	1
II.	Der Besitzer	10
III.	Die Privatforstbeamten	15
IV.	Die practische Forstwirthschaft.	
	1. Die Forstabschätzung	25
	2. Der Waldbau	51
	3. Die Forstbenutzung.	
	a. Die Holznutzung	78
	b. Die Nebennutzungen	102
	4. Der Forstschutz	111
V.	Die Jagd	127
VI.	Waldwirthschaft und Landwirthschaft	136
VII.	Der Staat und die Privatwaldwirthschaft.	
	1. Die staatlichen Förderungsmittel der Privatwaldwirthschaft.	
	a. Die Holzzölle	144
	b. Die Ablösung und Regelung der Waldgrundgerechtigkeiten	150
	c. Die Forststrafgesetzgebung	152
	d. Sonstige Förderungsmittel	155
	2. Die staatliche Beeinflussung der Privatwaldwirthschaft.	
	a. Der Schutzwald	158
	b. Die Waldgenossenschaft	162
	c. Die Enteignung	164

I. Allgemeine Verhältnisse.

Das von den Staatsforstbeamten über den Zustand der Privat=
forsten gefällte Urtheil pflegt häufig ein absprechendes zu sein. Man
geht hierin wohl zu weit, indem einerseits übersehen wird, daß einen
großen Procentsatz der gesammten Privatwaldfläche ausgedehnte, gut
bewirthschaftete standesherrliche Forsten einnehmen, sowie daß die noch
erhaltenen Reste des gemeinschaftlichen Privatwaldbesitzes sich z. Th.
einer geordneten Wirthschaft erfreuen, und anderseits diesem Urtheil
stets der Vergleich mit dem Zustande der Staatsforsten zu Grunde
gelegt wird. Es ist in erster Linie das günstigere Altersklassen=
verhältniß der letzteren, welches betont wird. Nun versteht es sich
zwar von selbst, daß ein Wald, der noch viel Altholz enthält, werth=
voller ist wie ein solcher mit überwiegend jüngeren Beständen, indessen
bildet doch das Altersklassenverhältniß insofern einen schlechten Maßstab
für die Beurtheilung, als die Wirthschaftsziele in beiden Arten von
Waldungen nicht dieselben sind. Vom rein privatwirthschaftlichen
Standpunkt aus betrachtet — und diesen müssen wir für den freien
Privatwald als vollkommen berechtigt betrachten — kann ein Wald
immer noch gut bewirthschaftet sein, wenn ihm auch diejenigen Be=
stände fehlen, welchen man im Staatswalde erst das Prädikat „Altholz"
unbedingt zuerkennt.

Selbst dann jedoch, wenn man diese Rücksichten gelten läßt, ist es
nicht zu leugnen, daß im großen Durchschnitt in der That der Zustand
der Privatwaldungen hinter dem der Staatsforsten zurückbleibt. Die
Herausbildung dieses Verhältnisses läßt sich auf eine ganze Reihe von
Ursachen zurückführen.

Zunächst occupirte die Landwirthschaft allmählich die besseren
Standorte des Privatwaldes, weil sie auf diesen einen höheren Ertrag

abwarf als der Wald, während im Staatswalde aus ſtaatswirthſchaft=
lichen Gründen auch landwirthſchaftlich benutzbarer Boden der Forſt=
wirthſchaft erhalten blieb.[1]) Der Wald iſt nun zwar in ſeinen An=
ſprüchen beſcheidener wie die Landwirthſchaft, indeſſen iſt das geſammte
Waldbild auf fruchtbarem Boden — gleich gute Bewirthſchaftung
natürlich vorausgeſetzt — immer ein beſſeres wie auf ſchlechtem.
Stichhaltig iſt dieſer Grund des weniger guten Zuſtandes der Privat=
waldungen allerdings nur in der Ebene und im Hügellande. Im Ge=
birge iſt es nicht die Kraft des Bodens, welche ihn zum abſoluten
Waldboden ſtempelt, ſondern ſeine Ausformung und die Lage in einem
rauheren Klima. Die anderen Gründe, welche beſtimmend auf den
Character des Privatwaldes einwirkten, ſind dagegen im Gebirge wie
in der Ebene dieſelben.

Einen ſehr weſentlichen Einfluß auf die Verſchlechterung des
Waldzuſtandes hat von jeher das Abhängigkeitsverhältniß von der
Landwirthſchaft gehabt, ſei es nun, daß zum Schaden des Bodens wie
des Beſtandes eine übermäßige Ausbeutung der Nebennutzungen
ſtattfand, oder daß der Wald in ſchlechten Jahren die Ausfälle in der
Landwirthſchaft decken mußte, dafür aber in guten Zeiten nicht ent=
ſprechend geſchont wurde, oder ſchließlich, daß aus der zweckmäßigen
Bewirthſchaftung eines Landguts falſche Schlüſſe auf die Waldwirthſchaft
gezogen wurden.

---

[1]) Es fehlt nicht an Mahnungen forſtlicher und volkswirthſchaftlicher Schrift=
ſteller, welche die Umwandlung des landwirthſchaftlich benutzbaren Bodens der Staats=
forſten in Acker oder Wieſe verlangen. So ſchreibt z. B. Conrad im II. Bande
des Schönberg'ſchen Handbuchs der politiſchen Oekonomie S 225: „Wichtig wird
es auch ſein, daß der Staat vor Allem in dem eigenen Beſitz den brauchbaren
Ackerboden der Waldcultur entzieht und der Landwirthſchaft überantwortet, um auf
ſolche Weiſe ſo viel als möglich Land zur Beackerung heranzuziehen.“ Läßt man
ſelbſt außer Acht, daß ein ſolches Verfahren auch aus anderen Gründen fehlerhaft
ſein würde, ſo iſt es doch zweifellos, daß ein Widerſpruch darin läge, wenn der
Staat eine Waldſchutzgeſetzgebung erlaſſen, während er ſelbſt alles nur irgend wie
landwirthſchaftlich benutzbare Land roden wollte. Daß es Ausnahmen giebt, ver=
ſteht ſich von ſelbſt; mit der principiellen Durchführung dieſes Gedankens würde
indeſſen die Waldrobung auch bei dem heutigen Stande der Cultur gewiſſermaßen
als ein Verdienſt hingeſtellt und dadurch der Waldverwüſtung Thür und Thor
geöffnet.

Nachtheilig hat ferner die unbedingte Freiheit gewirkt, deren sich der Privatwald in Preußen seit Anfang des Jahrhunderts erfreute. Die auf Befreiung des Grundeigenthums gerichtete Stein=Harden=berg'sche Agrarpolitik hat neben vielem Guten durch die Gleichstellung des Waldes mit dem landwirthschaftlich benutzten Gelände mancherlei unhaltbare Zustände geschaffen. Die ständige Verminderung der Wald=fläche[1]) hat auf den Zustand des seiner Bestimmung erhaltenen Privat=waldes freilich im Wesentlichen[2]) nur insofern Einfluß, als derselbe immer mehr auf die schlechtesten Bodenpartien zurückgedrängt wird. Von viel größerer Bedeutung ist die unbegrenzte Theilbarkeit, welche forstlich nicht mehr zu bewirthschaftende Partikelchen schafft und dadurch die Raubwirthschaft begünstigt. Für den im Sondereigenthum befind=lichen Waldbesitz besteht die freie Theilbarkeit noch heute, für die ge=meinschaftlichen Holzungen ist sie durch das Gesetz vom 14. März 1881 so gut wie aufgehoben.

Mit Servituten war der Privatwald ursprünglich weniger belastet wie der Staatswald; wo sie bestanden und noch bestehen, waren sie von jeher ein bedeutendes Hinderniß der ordnungs=mäßigen und nachhaltigen Wirthschaft; es ist jedoch nicht außer Acht zu lassen, daß sie in gewissem Sinne auch walderhaltend ge=wirkt haben.

Die verheerenden Wirkungen der Waldschlächtereien großer Spe=culanten sind bekannt. Wird nach Beendigung des Hiebs die Fläche nicht wieder angeschont, so hat damit allerdings die Waldwirthschaft ein Ende erreicht. Sehr häufig finden wir indessen, daß die Wald=zerstörer oberflächlich wieder cultiviren; nicht etwa, als ob sie sich dazu verpflichtet fühlten, sondern weil sie hoffen, auf diese Weise einen Käufer für den gemißhandelten Wald zu finden. Wie diese Culturen aus=

---

[1]) Nach von Hagen=Donner „die forstlichen Verhältnisse Preußens" S. 3 beträgt die jährliche Waldverminderung in den alten Provinzen etwa 6968 ha, welcher in den neuen Provinzen eine jährliche Waldvermehrung von nur 935 ha gegenübersteht.

[2]) Durch Herausschneiden kleiner Stücke guten Waldbodens behufs Um=wandlung in Acker oder Wiese, welche wegen ihrer eingeschlossenen Lage dann übrigens auch bei landwirthschaftlicher Benutzung schlecht rentiren, können unter Umständen mancherlei Gefahren für den Wald heraufbeschworen werden.

geführt werden, welche Beſtandsbilder ſich daraus entwickeln, das iſt ihnen natürlich ſehr gleichgültig.

Die Brennholzwirthſchaft war früher berechtigt, jetzt iſt ſie ein Anachronismus und führt zu immer weiterer Erniedrigung der Um= triebe und damit zur Raubwirthſchaft. Wir dürfen in dem Feſthalten an dem Princip der Brennholzwirthſchaft vielleicht das wichtigſte Hin= derniß für die Herbeiführung beſſerer Waldzuſtände ſehen.

Waldbauliche Mißgriffe hinſichtlich der Wahl der Holz= und Betriebs= art, der Wirthſchaft mit großen Kahlſchlägen, ganz beſonders aber der Glaube, daß mit der Begründung des Beſtandes genug geſchehen ſei, und nun alles Andere der Natur überlaſſen werden könne, haben eben= falls dazu beigetragen, Unzuträglichkeiten herbeizuführen. Es muß jedoch anerkannt werden, daß die waldbauliche Seite der Privatwald= wirthſchaft nicht ihre ſchlechteſte iſt.

Wenig vortheilhaft hat es gewirkt, daß bewußt oder unbewußt der Anſicht gehuldigt wurde, die Schätze des Waldes wären unerſchöpf= lich, es könnte daher aus dem Vollen gewirthſchaftet werden ohne einen grundlegenden Betriebsplan zu beſitzen. Dieſe Anſicht herrſcht leider noch immer bei einer großen Anzahl von Privatwaldbeſitzern. So lange mit ihr nicht gründlich gebrochen wird, iſt es unmöglich eine durchſchlagende Beſſerung zu erzielen.

Daß unter Umſtänden auch die übermäßige Pflege der Jagd dem Walde Schaden zugefügt hat, kann ſelbſt der paſſionirteſte Jäger nicht leugnen.

Die Unterſchätzung der Aufgaben der Forſtwirthſchaft, die Ver= kennung ihrer Eigenthümlichkeiten Seitens mancher Waldbeſitzer, die mangelhafte Vorbildung vieler, insbeſondere verwaltender Forſt= beamten in wichtigen Stellungen, konnten ebenfalls keinen günſtigen Einfluß ausüben.

Schließlich war es auch die milde Auffaſſung des Holzdiebſtahl= Geſetzes vom 2. Juni 1852, welche die Forſten jeder Art nicht genug ſchützte. Da der Forſtſchutz in den kleineren Privatforſten nur ge= legentlich von ihren Beſitzern und anderen Perſonen ausgeübt werden kann, ſo bildeten ſie ein beliebtes Angriffsobjekt für die Holzdiebe.

In den nachfolgenden Abſchnitten wird auf alle dieſe Punkte näher, wenn auch in anderer Reihenfolge eingegangen werden, doch dürfte es hier der richtige Ort sein, einer tiefer liegenden Eigenthümlichkeit der Waldwirthschaft zu erwähnen, welche scheinbar einer intensiveren Wirthschaft und damit der baldigen Besserung des Waldzustandes entgegen wirkt.

Einer unserer größten Volkswirthschaftslehrer, Roscher[1]), hat seiner Zeit ausgesprochen, „daß die Forsten ungleich weniger intensiv bewirthschaftet werden, als die Aecker, Wiesen 2c. derselben Zeit und Gegend" und weiter „fast nur bei der Ernte ist bedeutende Anstrengung nöthig." Roscher stellt sich damit so zu sagen auf den ausschließlichen Forstbenutzungsstandpunkt, jedoch nur scheinbar, denn wenige Seiten später bemerkt er ausdrücklich: „Ich bezweifle übrigens gar nicht, daß mit dem ferneren Wachsthum der volkswirthschaftlichen Cultur auch die Forstwirthschaft zu einer höheren Intensität aufsteigen wird." Unter Verschweigung dieses Nachsatzes wird nun wohl zur Beschönigung der Wirthschaft des Gehenlassens aus dem Roscher'schen Ausspruch hergeleitet, daß die Waldwirthschaft überhaupt einer erheblicheren Intensität und damit einer Beschleunigung des Aufschwungs nicht fähig sei. Roscher selbst definirt die intensive Wirthschaft als solche, „welche wenig Land mit viel Capital und Arbeit schwängert." Wir müssen mithin mit Albert[2]) zwischen Capitals= und Arbeitsintensität unterscheiden.

In Bezug auf die erstere ist es nun keine Frage, daß bei derjenigen Betriebsart, welche am meisten zur Anwendung kommt, dem Hochwalde, das fixe Capital ein ganz bedeutendes ist.[3]) Wir dürfen hierzu außer dem Boden zwar nur den verwerthbaren Theil des Materialcapitals rechnen, immerhin ist dasselbe jedoch bedeutend genug,

---

[1]) Wilhelm Roscher „Ein nationalökonomisches Hauptprincip der Forstwissenschaft." Leipzig 1854.

[2]) Albert „Lehrbuch der Staatsforstwissenschaft." Berlin 1875 S. 180.

[3]) Vergl. Schönberg a. a. O. S. 280; ferner Bernhardt „Die Waldwirthschaft und der Waldschutz" S. 9. B. nimmt für den Hectar Eichenhochwald im 150jährigen Umtriebe wenigstens 1868 Mark Holzcapital an, für Fichtenhochwald im 60jährigen Umtriebe mindestens 1234 Mark. Bei Kiefernhochwald II. Ertragsklasse beträgt der Geldwerth des Holzvorraths im Normalwalde bei 90jährigem Umtriebe 82% des Waldwerths. Vgl. Danckelmann „Die Ablösung und Regelung der Waldgrundgerechtigkeiten" Th. I. Berlin 1880, S. 215.

um den Hochwaldbetrieb als einen sehr capitalintensiven Betrieb auf=
zufassen, und zwar steigt die Intensität mit der Erhöhung des Um=
triebs.¹) Letzterer ist zwar in der Mehrzahl der Privatforsten in Folge
früherer schlechter Wirthschaft vorläufig noch ein sehr niedriger. Der
gute Wille ihn zu erhöhen, ist indessen vielfach vorhanden. Damit steigert
sich dann die Capitalsintensität von selbst, wenn auch sehr allmählich.

Lange nicht in demselben Maße intensiv ist die Waldwirthschaft
in Bezug auf die in ihr steckende Arbeit, sie steht hierin weit unter
der Landwirthschaft. In Preußen beträgt z. B. die für die gleiche
Fläche verwendete Arbeit bei der Forstwirthschaft nur 3,3 % von der
bei der Landwirthschaft erforderlichen (Albert a. a. O.). Nach Lehr²)
kommen in den Staatswaldungen Preußens bei Unterstellung von
300—400 Mark Arbeitsverdienst pro 100 ha 1 bis 1,4 Arbeiter,³)
in Baden 2,2 Arbeiter; in der Landwirthschaft dagegen je nach der
Art des Betriebs und nach dem Boden 17—56, durchschnittlich
33 Arbeiter. Es ist nun zwar klar, daß bei dem langsamen Wuchs
der Bäume und bei der aus der unbedingt nothwendigen Nutzholz=
wirthschaft resultirenden weiteren Verbreitung des Hochwaldbetriebs eine
solche Arbeitsintensität wie bei der Landwirthschaft niemals auch nur
annähernd erreicht werden kann, indessen ist dies doch kein Grund, die
Hände in den Schooß zu legen und im Walde überhaupt Nichts zu
thun. Dem conservativen Character der Forstwirthschaft zu Liebe auf
zeitgemäße Reformen und Arbeiten zu verzichten, kann gewiß nicht ge=
rechtfertigt sein. Wie Roscher sehr richtig vorausgesehen hat, ist mit
dem Steigen der allgemeinen volkswirthschaftlichen Cultur und bei den
veränderten Zielen der Waldwirthschaft in der That die Arbeitsinten=
sität gewachsen.

---

¹) Beziehungsweise des mittleren Bestandsalters.

²) Lehr, Forstpolitik im Handbuch der Forstwissenschaft S. 433.

³) Legt man die neusten Zahlen (aus: Preußens landwirthschaftliche Ver=
waltung in den Jahren 1884, 1885, 1886, 1887. Bericht des Ministers für
Landwirthschaft, Domänen und Forsten an Seine Majestät den Kaiser und König.
Berlin 1888) zu Grunde, so berechnen sich pro 100 ha Holzboden 1,3 bis 1,8 Ar=
beiter, wobei lediglich der Kostenaufwand für Werbung und Holztransport sowie Forst=
culturen und Verbesserungen in Betracht gezogen ist, die Kosten der intelligenten Arbeit
(Beamtengehälter u. s. w.) dagegen unberücksichtigt geblieben sind.

Ein anderes Kriterium der geringen Intensität ist es, daß der privatwirthschaftliche Reinertrag der Forsten eine so ungemein große Quote des Rohertrages bildet. Der steigende Reinertrag beweist mithin noch nicht, daß die Wirthschaft eine intensivere geworden — denn dann wäre ja z. B. die Waldschlächterei eine intensive Wirthschaft — es muß noch hinzutreten, daß der Rohertrag verhältnißmäßig mehr steigt wie der Reinertrag.[1] Mit anderen Worten, soll ein Wald intensiver bewirthschaftet werden wie bisher, so ist dies an die Bedingung geknüpft, daß für Läuterungen, Wegebauten, eventuell Waldbahnen, höhere Nutzholzlöhne — diese gewissermaßen als Tantième der Arbeiter — Verkleinerung der Reviere, wo diese zu groß sind, überhaupt für Verbesserungen aller Art mehr Aufwendungen gemacht werden. Wird am unrechten Orte gespart, so können die Verhältnisse sich nicht bessern, das ist des Pudels Kern. Selbstverständlich müssen die Ausgaben wirthschaftlich richtig sein, sonst hat Borggreve[2] nicht ganz Unrecht, wenn er sagt: Das Forciren der „Verintensiverung" der Forstwirthschaft beruht theils auf einem Mißverständniß ihres Wesens, theils und oft[3] genug ist es nur ein Vorwand, indem man mit einer — meist ganz unnöthigen — Verdoppelung der (nur den nächsten Waldanwohnern zu Gute kommenden!) Ausgaben eine Verdoppelung der Bezüge[4] rechtfertigt und dann von den „durch intensivere Wirthschaft gesteigerten Erträgen" redet — als wenn die (zumal jetzigen) Bezüge selbstredend durch die Ausgabequoten gesteigert würden."

---

[1] In den preußischen Staatsforsten betrug der Reinertrag 1868 43,07 % des Rohertrages, 1886/87 nur noch 38,81 %. Bei ordnungsmäßiger Wirthschaft muß der Rohertrag freilich auch schon deßwegen mehr steigen wie der Reinertrag, weil die Arbeitslöhne in den letzten Jahren unverhältnißmäßig höhere geworden sind. Es ist dies eine nothwendige Folge davon, daß die als berechtigt geltenden Ansprüche der handarbeitenden Klasse auf Verbrauch an Lebensgütern bedeutend gewachsen sind. Vergl. einen äußerst interessanten socialpolitischen Artikel im Januarheft 1889 der Zeitschrift „Stahl und Eisen."

[2] Borggreve „Forstabschätzung," Berlin 1888 S. 263.

[3] Ist wohl doch nicht so sehr häufig zutreffend!

[4] Die Capitalsintensität wird dadurch erniedrigt, nur die Arbeitsintensität erhöht. Von einer Erhöhung der Intensität schlechtweg kann also in diesem Falle kaum die Rede sein.

Die Höhe der Geldausgaben wird mithin zwar keineswegs immer einen Maßstab für die Intenſität der Wirthſchaft bilden, ſchon deß=wegen nicht, weil die Arbeitsleiſtung je nach der Gegend, der Er=nährung und Hauptbeſchäftigung der Bevölkerung (Weber ſind z. B. denkbar ſchlechte Arbeiter im Walde) ſchwankt, auch weil die Revier=verhältniſſe zu verſchieden ſind, indeſſen kann es doch jedem Wald=beſitzer empfohlen werden, eine kurze Berechnung anzuſtellen, wie viel Procent vom Rohertrag die geſammten Ausgaben betragen (vergl. S. 7 Anmerkung 1) und ferner wie viel Arbeiter er pro 100 ha der Waldfläche mit Holzwerbung, Cultur= und Verbeſſerungsarbeiten unter Zugrundelegung des ortsüblichen Tagelohns beſchäftigt.

Der factiſche Zuſtand der Privatforſten iſt, wie ſchon im Anfang des Abſchnitts angedeutet wurde, ein außerordentlich verſchiedener. In den meiſten Fällen iſt derſelbe um ſo beſſer, je größer der in einer Hand befindliche Waldbeſitz iſt. Es iſt dies nicht etwa Zufall, ſondern eine durch die Eigenthümlichkeit der Waldwirthſchaft hervorgerufene Naturnothwendigkeit. Soll von einer Wirthſchaft überhaupt die Rede ſein können, ſo iſt unbedingt eine größere Fläche für den Betrieb noth=wendig. Je größer der Waldbeſitz iſt, um ſo ordnungsmäßiger und unabhängiger von der Landwirthſchaft kann er bewirthſchaftet werden, um ſo mehr lohnt er die Anſtellung von gut vorgebildeten Beamten, leidet um ſo weniger unter den Einflüſſen der Wirthſchaft der Nachbaren.

Daß nun aber ein gepflegter Wald nicht nur dem Intereſſe ſeines Beſitzers, ſondern auch dem der Allgemeinheit mehr dient wie ein ver=wirthſchafteter, iſt zweifellos. Um ſo mehr iſt es zu bedauern, daß die principiellen Eiferer gegen den Großgrundbeſitz, ohne weder von der Technik der Waldwirthſchaft, noch von ihrer volkswirthſchaftlichen Be=deutung etwas zu verſtehen, Wald und Feld einfach gleichſtellen und den großen Waldbeſitz ohne Weiteres verdammen. Sie ſollten doch nur ein Mal den Zuſtand der Bauernheiden mit demjenigen der großen herrſchaftlichen Waldungen vergleichen! Abſoluter Waldboden hier wie da, aber in dem einen Falle erbärmliche Kuſſeln, die nach keiner Richtung hin etwas leiſten, in dem andern rationelle Aus=werthung des Bodens, verbunden mit Erfüllung der berechtigten An=ſprüche der Allgemeinheit.

Ganz besonders ist es das Fideicommiß,[1] welches bekrittelt wird, und doch sollte die Gesammtheit für die Errichtung, beziehungsweise Erhaltung des Waldfideicommisses dankbar sein, da es allein Garantie für die dauernde Erhaltung eines guten Waldzustandes auch im Interesse des öffentlichen Wohls leistet. Ist doch auch der Staatsforstbesitz im gewissen Sinne als ein Fideicommiß aufzufassen, dessen nachhaltige Rente der Gegenwart zusteht, während das Capital selbst für alle Zeiten den Staatsangehörigen gehört.

Wir dürfen es als ein Glück betrachten, daß in den wenig fruchtbaren preußischen Ostprovinzen der größere Theil der Privatwaldfläche sich in den Händen solcher Großgrundbesitzer befindet, welche mehr wie 100 ha Wald besitzen. Dieselben sind zum großen Theil entweder durch Familienstiftungen oder durch das Aufsichtsrecht der Landschaften und Creditinstitute zur geordneten Wirthschaft gezwungen. Damit ist auch der häufige Besitzwechsel ausgeschlossen, welcher so sehr schädlich auf den Wald einwirkt, da jeder neue Besitzer nach Kräften bemüht ist, für sein Theil möglichst viel herauszuschlagen, ohne sich um die spätere Zeit zu kümmern.

Weniger gut bewirthschaftet sind schon die mittelgroßen Privatforsten, da sie unter den aufgeführten üblen Einwirkungen mehr zu leiden hatten.

„Immer trauriger wird das Bild," sagt Wiese,[2] „je kleiner der Grundbesitz ist, mit dem Forsten noch vereinigt sind." In der That kann es wohl kaum etwas Trostloseres geben, als die im Sondereigenthum befindlichen kleinen Bauernheiden und zwar besonders im Gebirge, wo der Wald seine wichtigste Bedeutung für die Allgemeinheit erlangt. Die hohen Gebirgslagen sind für den kleinen Waldbesitz an und für sich schon kein passender Boden, weil die geringe Dichtigkeit der Bevölkerung größere Besitzeinheiten bedingt. (Lehr.)

Bei dieser Art von Wald — wenn man überhaupt diesen Ausdruck brauchen will, denn das Conglomerat von Bäumen sieht nur aus der Entfernung so aus, als ob es ein Wald wäre — haben sich die

---

[1] Ueber die Stellung des Staats zum Waldfideicommiß vergl. Abschnitt „Sonstige Förderungsmittel."

[2] Wiese „Die Bewirthschaftung der Privatforsten," Berlin 1874 S. 14.

ungünstigen Wirkungen aller Art am schärfsten geltend gemacht. Es kommt noch hinzu, daß ein Wald, der nur aus Grenze besteht, vielmehr von der Nachbarschaft abhängig ist wie ein größerer.

In einem besseren Zustande haben sich die Genossenschaftswaldungen erhalten. Vielleicht hat daher diese älteste Form des deutschen Wald= besitzes noch eine Zukunft, falls sich der Bildung von Waldgenossen= schaften nicht unüberwindliche Schwierigkeiten entgegenstellen.

II. Der Besitzer.

γνῶϑι σαὑτόν.

Die ernst mahnenden Worte, welche über der Pforte des Tempels zu Delphi standen, würden auch an jedem Zugange zum Walde ihre passende Stätte finden. Dort wie hier ist der gute Rath vergeblich ertheilt, wenn ihm nicht die Selbsterkenntniß den Weg zur That ebnet. Nur wenn der Waldbesitzer sich keinen Illusionen hingiebt, wenn er ehrlich bemüht ist, die Lücken im eigenen Wissen und Können, den wahren Zustand seines Waldes, die Schwächen seiner Wirthschaft und nicht bloß ihre Lichtseiten klar zu erkennen, ist es möglich, allmählich das Unvollkommene auszumerzen und dafür das Vollkommene zu schaffen. Es ist noch kein Meister vom Himmel gefallen, mithin folgt aus der Thatsache, daß Jemand Besitzer eines Waldes ist, noch lange nicht, daß er den letzteren auch zu bewirthschaften versteht — eben so wenig, wie ein grüner Rock zum Forstmann macht. Wer dem Be= sitzer das vorreden will, ist entweder ein Schmeichler, oder hat seine Nebenabsichten dabei.

Der Wald wächst so langsam, das Bestandsbild verändert sich so unmerklich, daß der Irrthum, die Waldwirthschaft sei sehr einfach, Vor= kenntnisse seien dafür nicht erforderlich, weil man der Natur Alles am besten überlassen könne, zwar erklärlich ist, aber darum verhängnißvoll bleibt. In der Landwirthschaft hat die Noth der Zeiten mit solchen Anschauungen gründlich brechen lassen; diejenigen Gutsbesitzer, welche nicht eifrig bemüht sind, ihre wissenschaftliche und practische Ausbildung zu fördern, um die Oberleitung nicht aus der Hand zu geben, sind zu zählen. Dabei pflegt fast immer der Wald den größeren Besitzern mehr an das Herz gewachsen zu sein wie Aecker und Wiesen. Vielleicht erklärt sich dieser scheinbare Widerspruch eben dadurch, daß der Liebhaberwerth des Waldes ein so großer ist, daß in diesem Falle der Besitzer sich daran genügen läßt. Unwillkürlich fragt man sich: „Ist denn die Bewirthschaftung eines Waldes, selbst wenn der Nutzzweck vorläufig mehr zurücktritt, wirklich so sehr viel leichter wie die eines Landguts?" Gewiß nicht. Es scheint nur so, weil die Fehler, welche im Walde gemacht werden, sich erst nach Menschenaltern herausstellen, während sie in der Landwirthschaft unmittelbar zu Tage treten. Die üblen Folgen des Mißgriffs treffen also nicht den jetzigen Besitzer, sondern erst seine Nachkommen. Es muß demnach allein schon die schwere Verantwortung, welche dem Privatwaldbesitzer durch die in seinen Händen ruhende Entscheidung über das Wohl und Wehe seiner Nachkommen auferlegt ist, ihm dazu Veranlassung geben, sich möglichst viel Erfahrung und Kenntnisse anzueignen, um eben jene Fehler zu vermeiden. Die bloße Characterfestigkeit, welche der Lockung zu unberechtigten Uebergriffen widersteht, der wirthschaftliche Sinn allein genügen nicht, wenn die forstliche Durchbildung fehlt.

Diese Summe von practischen und theoretischen Kenntnissen befähigt den Besitzer ferner, sich ein Urtheil darüber zu bilden, wie weit er unter Berücksichtigung der Verhältnisse seines Waldes mit den Anforderungen an die Leistungsfähigkeit der Beamten gehen muß; sie setzt ihn dann aber auch in den Stand, sich darüber klar zu werden, ob die Beamten eben diesen Anforderungen gewachsen sind. Eine bloße Scheincontrole ohne eingehendes Verständniß für die ausgeführten Arbeiten giebt gar keine Sicherheit. Lob und Tadel an der unrichtigen Stelle schaden der Autorität, weil sie dem Fluch der Lächerlichkeit preisgeben. Daß die Beamten in erhöhtem Grade ihre Pflicht thun, grobe Fehler nicht durch Redensarten beschönigen, an ihrer Ausbildung ständig weiter arbeiten, Alles, was auch nur den Schein der Unredlichkeit hat, doppelt sorgfältig vermeiden werden, wenn sie wissen, daß ihr Herr ihnen in die Karten sehen, nicht bloß will, sondern auch kann — das bedarf wohl keines Beweises.

Ein dritter Vortheil liegt darin, daß der Waldbesitzer durch die fortgesetzte geistige Arbeit Hochachtung vor der Forstwissenschaft bekommt, ein Gefühl für die Eigenthümlichkeiten der Waldwirthschaft gewinnt. Er wird alsdann bestrebt sein, die letztere von ihrer drückendsten Fessel, der Unselbstständigkeit, zu befreien. Weder der Wald, welcher groß genug ist, um unabhängig für sich bewirthschaftet zu werden und trotzdem nur als Anhängsel der Landwirthschaft betrachtet wird, noch der, welcher nur der Jagd wegen da ist, kann seine volle Leistungsfähigkeit entfalten.

Volkswirthschaftliche und statistische Studien haben auch für den Privatwaldbesitzer eine große Bedeutung[1]. Obwohl man den Standpunkt des höchsten Eigengewinnes in der Privatwaldwirthschaft als berechtigt anzusehen hat, so ist es doch nothwendig, daß der Besitzer durch jene Studien über die Bedeutung des Waldes für das allgemeine Wohl vollkommen aufgeklärt ist, um nicht in der Waldschutzgesetzgebung eine widerrechtliche Beeinträchtigung seiner persönlichen Freiheit zu sehen, um ferner in Rücksicht auf die ethische und hygienische Bedeutung des Waldes diesen dem Publikum nicht ganz zu verschließen, und um endlich der Ausübung der für den Wald fast unschädlichen, für die ärmeren Bewohner der Umgegend dagegen hochwichtigen Nebennutzungen nicht allzufeindlich entgegen zu treten.

Es fragt sich nun, in welcher Weise der Privatwaldbesitzer sich das erforderliche Maß von theoretischen Kenntnissen und die Anwendung derselben auf die Praxis am besten und schnellsten anzueignen vermag. Das Studium der Bücher ist gewiß sehr empfehlenswerth, aber aus ihnen allein kann sich Niemand die Praxis und auch die Theorie nur unvollkommen zu eigen machen. Um auf empirischem Wege im eigenen Walde zum durchgebildeten Forstwirth zu werden, ist der letztere zu einseitig, das Leben zu kurz, die Waldwirthschaft zu schwerfällig, das Lehrgeld zu theuer. Viel schneller und gründlicher wird diese Ausbildung erreicht, wenn der zukünftige Großgrundbesitzer nach Bonn und Heidelberg oder nach dem Abgang vom Regiment für einige Zeit die

---

[1] Baur (Handbuch der Waldwerthrechnung S. 46) sagt sehr richtig, „daß derjenige Wirthschafter, welcher die Sitten, Gebräuche und den Geschmack seines Volks am gründlichsten studirt, mit dem fortschreitenden Zeitgeiste gleichen Schritt hält, aus seinem Gewerbe den größten Gewinn ziehen wird.“

Forstakademie[1]) bezieht, um Naturwissenschaften, deren Kenntniß bei dem heutigen Stande der Forstwissenschaft unbedingt nothwendig ist, und letztere selbst zu studiren; wenn er darauf geeignete Reviere, und zwar nicht allein solche, welche sich im Besitze des Staats befinden, besucht.

Von dem Besitzer eines kleineren Waldes ist es nicht wohl zu verlangen, daß er an einer Forstakademie studiren soll, doch empfiehlt es sich auch für ihn, jenen practischen Cursus durchzumachen. Solch kleinerer Waldbesitzer kann keinen besonders vorgebildeten Beamten anstellen, um so nothwendiger ist es, daß er selbst etwas von der Waldwirthschaft versteht. Soll überhaupt von einer Wirthschaft die Rede sein, so ist es klar, daß doch wenigstens eine Person vorhanden sein muß, welche zu wirthschaften versteht.

Ist auf diese oder jene Weise das nöthige Maß von Kenntnissen und Fertigkeiten erreicht, so darf sich der Waldbesitzer dabei noch nicht beruhigen. In keiner Wissenschaft giebt es einen Stillstand, derselbe bedeutet stets den Rückschritt. „Nur die fortschreitende Beherrschung des Stoffs", sagt Bernhardt, „ist die Signatur jedes wirthschaftlichen Fortschritts."

Es folgt hieraus, daß der Besitzer, welcher wirklich Lust und Liebe für die Verbesserung und rationelle Ausnutzung seines Waldes hat, die neuere Litteratur nicht vernachlässigen darf, daß er neben einer kleinen Bibliothek gediegener forstwissenschaftlicher Werke[2]) wenigstens eine anerkannt gute Fachzeitschrift hält.[3]) Noch besser ist es, wenn er nicht eine, sondern mehrere liest. Leider ist der Preis sämmtlicher nicht billig, weil die Abonnenten bisher vorwiegend in den Kreisen der Forst-

---

[1]) Die Worte Pfeils, mit welchen er die Eröffnung der Forstakademie an der Universität Berlin im Jahre 1821 feierte „Nicht eine Anstalt zur Bildung fiscalischer Beamten soll dies Institut sein, keine beschränkte Pflanzschule für die unmittelbaren Forstbeamten des Staates" haben noch heute genau dieselbe Berechtigung wie damals.

[2]) Verfasser nennt mit Absicht keine bestimmten Bücher, um nicht den Anschein zu erwecken, als ob für dieses oder jenes Werk Reclame gemacht werden solle. Jeder gebildete Forstmann kann in dieser Beziehung guten Rath ertheilen.

[3]) Ueber das ebenfalls sehr empfehlenswerthe Halten von Blättern, welche der Vermittelung zwischen Angebot und Nachfrage dienen, vergleiche Abschnitt „Forstbenutzung."

leute zu suchen und daher wenig zahlreich waren. Würde sich die Zahl der Leser vermehren, so könnte auch der Preis billiger gestellt werden. Eventuell könnte auch dadurch abgeholfen werden, daß sich eine Anzahl von Waldbesitzern zusammenthäte und einen Lesezirkel gründete, wie solche von Forstleuten bereits vielfach gegründet sind.

Die Betheiligung der Waldbesitzer an den Forstvereinen ist eine so große, daß ihrer als eines weiteren Mittels der Ausbildung nur Erwähnung gethan zu werden braucht.

Der Waldbesitzer, welcher so den Grundstein seiner theoretischen und practischen Ausbildung gelegt hat und an derselben unausgesetzt weiter arbeitet, kann überzeugt sein, daß er es lernt, den eigenen Wald mit ganz anderen Augen anzusehen. Das richtige Sehen ist im Walde überhaupt die Hauptsache, aber nicht so einfach, wie man viel= leicht glaubt. Wenige Redensarten sind so der Wirklichkeit entlehnt, wie jene „daß man den Wald vor Bäumen nicht sieht." Es ist jedem Jäger bekannt, welche langjährige Uebung dazu gehört, um den schnellen und sicheren jagdlichen Blick wegzubekommen; mit dem forstlichen Blick ist es gerade ebenso.

Ist dem Waldbesitzer gezeigt worden, daß dieser Wald durch ver= kehrte Schlagweise, dieser durch Streuentnahme, jener durch Insecten gelitten hat, daß diese Holzart nicht angemessen ist (Rentzsch), so ge= winnt er einen Blick für wirthschaftliche Fehler und gleichzeitig einen Maßstab für die Vorzüge und Nachtheile des eigenen Betriebs.

Ist im gegebenen Falle der Besitzer erst soweit, daß er die schlechte Beschaffenheit seines Waldes erkannt hat, so ist damit der erste und zwar wichtigste Schritt zur Herbeiführung besserer Zustände gethan. Vermag er dann auch noch jede Anwandlung falscher Scham zu über= winden und bedient sich des Rathes erfahrener Forstleute, wo er selbst sich nicht sicher fühlt, scheut er den moralischen Zwang eines Abschätzungs= werks nicht und läßt seinen Wald einrichten, so können nur noch ganz besondere Unglücksfälle die fortschreitende Besserung aufhalten. Mit dieser vergrößert sich aber die Freude am Besitz; das, was der Mensch selbst geschaffen, wächst ihm am meisten an das Herz. Etwas Veränderliches, was ganz fertig übernommen werden kann und daher keiner Verbesserung mehr fähig ist, giebt es überhaupt nicht, am aller= wenigsten aber in der Waldwirthschaft. Das treffliche Wort Goethes

> „Was du ererbt von deinen Vätern haſt,
> Erwirb es, um es zu beſitzen!"

paßt auf den Waldbeſitz ganz vorzüglich.

Selbſt iſt der Mann. Die ſtaatliche Hülfe iſt zwar theils noth=
wendig, theils wünſchenswerth, ſie erreicht aber ihren Zweck nur dann,
wenn die Geſammtheit der Privatwaldbeſitzer auch ihrerſeits Alles thut,
was in ihren Kräften ſteht, um eine durchgreifende Beſſerung in dem
Waldzuſtande herbeizuführen.

III. Die Privatforſtbeamten.

Es unterliegt keinem Zweifel, daß im Privatforſtdienſt tüchtige
und ſelbſt hervorragende Männer wirken. Recht häufig ſteht indeſſen
die wiſſenſchaftliche Vorbildung der Verwalter größerer Privatforſten
in keinem Verhältniß zu den Anforderungen, welche die zeitgemäße
Bewirthſchaftung derſelben an ſie ſtellt; ebenſo fungiren vielfach Per=
ſonen als Förſter, welche ohne weitere Vorbereitung aus anderen
Lebensſtellungen übernommen worden ſind. Hierin liegt wohl einer der
wundeſten Puncte der Privatforſtwirthſchaft.

Die Ausbildung, welche von den Anwärtern der beiden Staats=
forſtcarrièren verlangt wird, iſt im Einzelfach eine gründlichere, durch
Vermehrung der in den Kreis der forſtlichen Lehre gezogenen Wiſſen=
ſchaften eine vielſeitigere geworden. Es beweiſen dies nicht nur die
immer ſchwerer werdenden Examina für den Verwaltungsdienſt, ſondern
auch diejenigen Prüfungen, welche die Aspiranten für die unteren
Stellen des Forſtdienſtes abzulegen haben.

Iſt nun dieſes ſtändige Heraufſchrauben durch triftige Gründe ge=
rechtfertigt? Sicherlich. Die fortſchreitende Ausbildung der Wiſſen=
ſchaft, die daraus ſich ergebenden erhöhten Leiſtungen haben kein Gebiet,
auch das der Forſtwirthſchaft nicht, unberührt gelaſſen. Verlangt nun
aber der Staat eine auf gediegene wiſſenſchaftliche Vorbildung ſich
ſtützende Leiſtungsfähigkeit ſeiner Forſtbeamten, ſo muß mit noch viel
größerem Recht dieſelbe Anforderung an die Privatbeamten geſtellt

werden. Die ersteren wirken in dem Rahmen einer seit Menschen=
altern bis in das Detail streng geordneten Verwaltung und unter der
ständigen Controlle ihrer Vorgesetzten, die letzteren genießen diese schätz=
baren Vortheile nicht, sollen vielmehr selbstständig urtheilend auch da
das Richtige treffen, wo die Entscheidung manchmal recht schwer fällt.
Mag es sein, daß das Urtheilsvermögen durch die eigene Verant=
wortlichkeit wächst, aber bevor dasselbe gereift ist, haben der Wald und
sein Besitzer die Folgen der gemachten Fehler zu tragen.

Es war und ist theilweise noch heute eine in forstlichen Kreisen
weit verbreitete Ansicht, daß dasjenige Beamtenmaterial, was wegen
mangelhafter Befähigung oder schlechter Vorbildung im Staatsdienst
nicht zur Verwendung kommen könne — also für die Stellung eines
Försters etwa die nunmehr glücklicherweise beseitigte Jägerklasse A II —
für den Privatdienst immer noch gut genug sei. Eine solche Auf=
faffung entbehrt jeder Begründung, das Gegentheil ist viel richtiger.

Daß diese Ansicht sich überhaupt herausbilden konnte, mögen
allerdings die pecuniär häufig schlechteren und auch sonst ungünstigeren
Stellungen im Privatdienst, sowie das Vorhandensein vieler ganz un=
geeigneter Persönlichkeiten unter den Privatforstbeamten verschuldet haben.
Wo dies zutrifft, giebt der Besitzer zu erkennen, daß er kein großes
Gewicht auf die Gewinnung tüchtiger Kräfte legt, sicherlich nur zu
seinem eigenen Schaden.

Ist erst ein Mal die Wichtigkeit der Stellung, welche der Forst=
beamte, besonders der verwaltende einnimmt, verkannt, so ist es von
der Anstellung des wenig zu der des gar nicht Qualificirten nur ein
Schritt. Die Stelle wird zur Altersversorgungsanstalt. Abgesehen da=
von, daß der neu gebackene Grünrock die körperliche Rüstigkeit, welche
der Beruf des Forstmanns erfordert, häufig nicht mehr besitzt, soll er
plötzlich einen schwierigen Dienst versehen, der eine Jahre lange Vor=
bereitung verlangt, während sein ganzes Fachwissen vielleicht darin be=
steht, daß er sich einige jagdliche Kenntnisse angeeignet hat. Etwas
Anderes wäre es, wenn mit dem Titel über Nacht auch das nöthige
Verständniß gekommen wäre!

Schon J. J. Büchting klagt 1756 darüber, daß kleine Herr=
schaften manchmal dächten, sie könnten am Gehalt etwas ersparen,
wenn sie ihre Kutscher und Lakaien zu Forstbedienten und Holzwärtern

machten. Bedächten sie aber, daß sie davon zehnmal mehr Schaden als vermeintlichen Vortheil hätten, so würden sie ihre Forstbedienten gewiß ein wenig sorgfältiger wählen. [1])

Bereits vor 130 und mehr Jahren, als die Forstwissenschaft noch in den Kinderschuhen steckte, die Technik noch unentwickelt war, das leicht zu erziehende Brennholz noch das Hauptproduct des Waldes bildete, war demnach eine solche Handlungsweise mit Nachtheilen verknüpft. Um wie viel weniger kann dies Verfahren in einem Zeitalter richtig sein, wo Alles so ganz anders geworden, wo das Verkehrsleben in einem Jahrzehnt Wandlungen durchmacht, wie früher im Verlaufe von Jahrhunderten nicht!

Nur die äußerste Anstrengung des gehörig geschulten menschlichen Geistes — den Pfeil treffend mit einem Magneten vergleicht, den nur die Anstrengung seiner Kräfte verstärkt und erhält — kann noch einen Erfolg erringen. Ein beschauliches, idyllisches Stillleben, ein gedanken= loses Wandeln auf den ausgetretenen Pfaden der Vorfahren, zieht selbst in dem conservativsten aller Erwerbszweige, der Waldwirthschaft, eine Kette von Verlusten nach sich.

Ein vieldeutiges Lächeln oder mitleidiges Achselzucken für die ge= lehrten Forstleute, eine als Deckmantel der eigenen Ignoranz selbst= gefällig zur Schau getragene Verachtung aller wissenschaftlichen Bildung, ein leicht hingeworfenes „Ich mache es so, wie mein Groß= vater es gemacht hat," das mögen Dinge sein, die für den Laien, der sich den Forstbeamten als gutmüthig polternden und Jagdlügen er= zählenden, im Uebrigen aber recht harmlosen und unwichtigen Alten vorstellt, etwas Bestechendes und Ueberzeugendes haben. Die negativen Erfolge dieser Ansichten hat aber leider der Herr und nicht der Be= amte zu tragen.

Hausbackne Praxis ist für den Forstmann eine treffliche Er= rungenschaft, aber sie ist keineswegs mit dem Regiren der Wissenschaft identisch. Selbst da, wo sie wirklich vorhanden ist, genügt sie als einziges Vermögen des Beamten nicht, wenn dieser sich in einer Stellung befindet, die auch nur hin und wieder Verwaltungsnüsse zu knacken aufgiebt, d. h. Anforderungen stellt, die über die gewöhnlichen

---

[1]) von Fischbach im Octoberheft 1888 der Zeitschrift für Forst= und Jagdwesen.

Handgriffe hinausgehen. Für die rein waldbauliche Seite der Wald=
wirthschaft reicht die hausbackne Praxis vielleicht noch am ersten aus,
möglicherweise läßt sie sogar unbewußt manche Klippe umschiffen, von
der bei dem Abschnitt „Waldbau“ die Rede sein wird. Unangenehmer
macht es sich schon bemerkbar, wenn der Beamte es nicht versteht, sich
in ein einfaches Abschätzungswerk hineinzuarbeiten. Bei mangelnder
Kenntniß der Wissenschaft des Forstschutzes kann das Nichterkennen des
scheinbar harmlosen ersten Auftretens einer Insectengefahr zu schlimmen
Folgen führen. Am meisten wird der Besitzer jedoch durch die schlechte
Vorbildung seines Beamten geschädigt, wenn es sich um die vortheil=
hafteste Ausnutzung der Waldproducte handelt. Hier verursacht Un=
kenntniß der einschlagenden Verhältnisse, insbesondere des Um=
schwungs, den die Holz verarbeitenden Industrien in ihrem Betriebe er=
fahren haben, sowie der neu entstandenen Verwendungsarten für früher
schwer absetzbare Sortimente die gröbsten Verstöße. Dadurch wird der
berechtigte Reinertrag des Reviers viele Jahre lang unter dem Niveau
gehalten, welches er mit Leichtigkeit erreichen könnte. Es genügt eben
nicht die Tüchtigkeit in diesem oder jenem Zweige der Forstwirthschaft;
den Ausschlag giebt der allgemeine Ueberblick.

Dem Verfasser schwebt in dieser Beziehung ein lehrreiches Beispiel
vor. Eine Herrschaft, deren Besitz einen großen Waldcomplex umfaßt,
rentirte bis vor wenigen Jahren blutwenig. Die Durchforstungshölzer
aus den zahlreichen Stangenorten waren überhaupt gar nicht abzusetzen,
daher unterblieb die Durchforstung fast ganz; das Nutzholzprocent in
den Schlägen war unbedeutend, nur das Scheitholz war aus nahe
liegenden Gründen begehrt und gut verkäuflich. Vor einigen Jahren
änderte sich das mit einem Schlage. Ein hochgebildeter, energischer
Beamter übernahm die Leitung des Betriebs und damit fuhr ein
anderer Geist in diesen. Durch bestmögliche Verwerthung auch der
oberen Stammtheile zu Brettwaare wurde die Nutzholzausbeute ge=
hoben, durch Verarbeitung des geringen Materials in eigenen Holz=
schleifereien ein nie geahnter Ertrag aus demselben erzielt und gleich=
zeitig kam die Durchforstung zu ihrem Recht. Die Einzigen, welche
mit der Wandlung der Dinge wenig einverstanden sich erklärten,
waren die Holzhändler, welche früher das vorzügliche Scheitholz ge=
kauft hatten.

Es bestätigte sich beiläufig in diesem Falle die scheinbar merk=
würdige Thatsache, daß in demselben Revier die Durchschnittspreise
für Brennholz wie für Nutzholz sinken und trotzdem ohne Erhöhung
des Einschlags eine größere Einnahme aus diesem erzielt werden kann.[1]

In einem anderen Fall müssen werthvolle alte Fichtenbestände in
scheinbar unzugänglichen Höhenlagen verfaulen oder um ein Spottgeld
verschleudert werden; und zwar nur deßwegen, weil der Revierver=
walter von einem zweckmäßig construirten Wegenetz sich keine Vorstellung
machen kann.

Oder schließlich es verkommen die Buchenverjüngungen, weil Buchen=
brennholz nicht begehrt wird und der Beamte nicht weiß, daß die
Buchennutzholzverwerthung in ein ganz anderes Stadium getreten ist.
Wie anders würde er über den Werth der Buche denken, wenn er
wüßte, daß die Eisenbahnschwellen, über die er im Coupé dahin rollt[2]
oder das hölzerne Straßenpflaster der Großstadt, auf dem es sich so
angenehm fährt, aus eben diesem verpönten Buchenholz bestehen.

Genug davon! Es würde zu weit führen, alle einschlagenden Fälle
aufzuzählen.

Lehr (a. a. O. S. 513) sagt sehr richtig „Besserung wird auch
in dieser Beziehung erzielt werden, sobald unser Beamtenstand nicht
mehr ausschließlich oder vorwiegend Forsttechniker sondern Forstwirthe
aufweist. Auf einen derartigen Zustand drängt die noch immer

---

[1] Der Preis des Nutzholzes sinkt, weil früher nur die besten Stücke aus=
gehalten wurden; der des Brennholzes ebenfalls, weil nicht mehr so viel Nutzholz
darin enthalten ist. Die Steigerung der Einnahme wird dadurch veranlaßt, daß
das Nutzholzprocent sich erhöht und daß für schlechteres Nutzholz immer noch mehr be=
zahlt wird wie für gutes Brennholz. Vergl. auch Abschnitt „Forstbenutzung.“

[2] Vorläufig nehmen die Buchenschwellen in Deutschland erst 1 % der Ge=
sammtmenge ein (Weber); es ist jedoch bestimmte Hoffnung vorhanden, daß dieses
Verhältniß sich zu Gunsten der Buchenwirthschaft verschieben wird. Allerdings liegt
eine Gefahr darin, wenn die Wirthschaft sich in der Hauptsache nur nach dieser
Absatzquelle richtet, da dadurch niedrige Umtriebe begünstigt werden. Vergl. „Die
Kehrseite der Buchenschwellenverwerthung“ 12. Heft 1888 der forstlichen Blätter.
Es kann alsdann die Möglichkeit der natürlichen Verjüngung in Frage kommen,
auch können ähnliche Verhältnisse eintreten wie die im Abschnitt „Forstabschätzung“
beim Grubenholzbetrieb erwähnten. Als Nothbehelf ist jedoch die Verwerthung als
Schwellholz außerordentlich erwünscht.

wachsende Verkehrsentwickelung mit eherner Nothwendigkeit hin." Es bezieht sich zwar dieser Ausspruch in seinem Zusammenhange mit anderen Ausführungen nicht direct auf die Privatforstbeamten, paßt jedoch seinem Wortlaut nach sehr gut auf viele derselben.

Eine gewisse Schwerfälligkeit klebt der Waldwirthschaft als hervorstechende Eigenthümlichkeit so wie so an; wird dieselbe im gegebenen Falle noch durch Unfähigkeit des Revierverwalters vergrößert, so geht die Zeitströmung an der Wirthschaft spurlos vorüber, ohne irgend welchen Nutzen zu stiften.

Lehr hat sicherlich nicht Unrecht, wenn er sagt: „Im Uebrigen ist der Bildungsgang angestellter Beamter wohl geeignet, um sich von vorneherein ein Urtheil über die wahrscheinliche Güte der Wirthschaft zu bilden, doch allein entscheidend kann immer nur die letztere selbst sein." Es wäre aber doch ein gar zu großes Armuthszeugniß für den vorschriftsmäßigen Bildungsgang der Staatsforstbeamten, wenn nicht der erstere Theil des Ausspruchs die Regel bilden sollte!

Je vielseitiger die Dienstgeschäfte sind, denen der Beamte sich unterziehen soll, um so sorgfältigere Prüfung der Persönlichkeit ist erforderlich. Je mehr Verwaltungsgeschäfte mit der Stelle verbunden sind, um so höhere Anforderungen müssen gestellt werden. Es kann daher nicht richtig sein, nur nach dem militairisch straffen Wesen zu urtheilen, oder sich durch Passion und Geschick für die Jagd bestechen zu lassen. Zum hingebenden Pfleger und Beschützer des Waldes, zum gewandten Geschäftsmann gehört doch noch mehr als jene beiden an und für sich ganz vortrefflichen Eigenschaften.

Neu eintretende Beamte haben die Neigung durch waldbauliche Kunststückchen zu glänzen, deren Unzweckmäßigkeit bei der langen Dauer zwischen Saat und Ernte im Walde erst spät hervortritt. Auch hierdurch darf man sich also nicht täuschen lassen.

Für die Stellung eines Schutzbeamten können die Anforderungen selbstverständlich geringer sein, man möge jedoch nicht vergessen, daß die Bezeichnung „Schutzbeamter" eine veraltete ist. Für den Förster im Staatsdienst ist der Schutz gegen Frevler längst nicht mehr der wichtigste Dienst, er ist keineswegs mehr der „Waldsoldat," sondern nimmt in dem verfeinerten Betriebe eine wichtige Stelle ein.

Strengste Redlichkeit bleibt jederzeit die erste Bedingung. Die

Versuchung Unterschleife zu begehen, liegt im Privatdienst mit seiner weniger scharfen Controle und einfacheren Buchführung näher wie im Staatsdienst. Der kleine Schritt vom rechten Wege, der unbemerkt geblieben ist, reizt leicht zu größeren. Ein ausreichend besoldeter Beamter wird natürlich dieser Versuchung viel schwerer erliegen.

Lust und Liebe zum Fach sind bei wenigen Berufsarten so unentbehrlich wie bei der günen Farbe. Ein Beamter, der bei dem Revierbegange es jeden Tag mit ansehen kann, wie sich ein werthvoller junger Nutzholzbaum mit dem umdrängenden Weichholz plagen muß, ohne den Hirschfänger zu ziehen und selbstthätig einzugreifen, besitzt diese Lust und Liebe nicht und wäre dem Walde besser fern geblieben.

Die Gewinnung tüchtiger Kräfte wird durch die Zeitverhältnisse sehr erleichtert. Der Andrang zu beiden Staatsforstlaufbahnen ist ein so bedeutender, daß der Bedarf auf lange Jahre hinaus gedeckt ist. Viele gut qualificirte Persönlichkeiten würden daher den Uebertritt in den Privatdienst dem langen Warten vorziehen.

Gewisse Garantien müssen allerdings geboten werden, wenn der Waldbesitzer brauchbare Beamte gewinnen will. Der heikelste Punkt ist die lebenslängliche Anstellung. Ohne dieselbe wird indessen nur in besonderen Glücksfällen ein tüchtiger, namentlich schon erfahrener Beamter zu erlangen sein. Anderseits kann man es freilich Niemand verdenken, wenn er die Katze nicht im Sack kaufen will; eine längere Probezeit ist daher ein gerechtfertigtes Verlangen. Hat sich jedoch der Beamte in dieser bewährt, dann ist es auch für den Waldbesitzer vortheilhaft, wenn er ihn dauernd fesselt. Eine öftere Aenderung des Wirthschaftssystems, welche mit dem Wechsel der Persönlichkeit verbunden zu sein pflegt, ist für den Wald nicht günstig. Bindet sich auch der Besitzer in gewissem Sinne die Hände, so bleibt er doch immer der Herr, der über wirksame Mittel verfügt, um den Beamten auf den Weg der Pflicht zurückzuführen, falls er im Vertrauen auf die lebenslängliche Anstellung lässig werden sollte.

Die Anstellung auf Lebenszeit ist das beste Mittel, um das Ansehen des Beamten bei der Bevölkerung zu heben, da derselbe alsdann gemäß § 23 des Forstdiebstahls-Gesetzes vom 15. April 1878 ein für alle Mal gerichtlich vereidet und — was noch wichtiger ist — auf Grund des § 1 des Waffengebrauchs-Gesetzes vom 31. März 1837

den Waffengebrauch erlangen kann. In beiden Fällen ist zwar die
Anstellung auf Lebenszeit nicht unbedingt nöthig; die bei ihrem Fehlen
zu erfüllenden anderweitigen Vorbedingungen werden indessen dem Wald=
besitzer auch nicht genehm sein, wenn er nur mit kurzen Kündigungs=
fristen anstellen will. Wird lebenslängliche Anstellung bewilligt, so ist
noch eine besondere Sicherstellung des Beamten eventuell für den Fall
erforderlich, daß der Besitz in andere Hände übergeht. Landrechtlich ist
der Besitznachfolger nicht verpflichtet, den lebenslänglich angestellten
Beamten zu übernehmen. Dieser kann sich nur an den halten, mit
dem er den Vertrag geschlossen hat.[1]

Eine weitere wichtige Frage betrifft die Zusicherung einer Alters=
versorgung. Auch sie muß im bejahenden Sinne entschieden werden,
da die Pensionsberechtigung für die Staatsforstbeamten ebenso wichtig ist
wie die lebenslängliche Anstellung. Für den älteren Förster wird sich
wohl in jedem größeren Privatbesitz ohne große Mühe eine leichte und
angemessene anderweitige Stellung finden lassen, welche der den Be=
schwerden des Waldbienstes nicht mehr gewachsene Beamte noch aus=
zufüllen vermag. Schwieriger ist es allerdings einen Verwaltungs=
beamten ebenso unterzubringen.

Schließlich wird auch eine gewisse Fürsorge für die Hinter=
bliebenen nicht zu umgehen sein. Muß der Beamte die quälende
Sorge mit sich herumschleppen, daß Frau und Kind nach seinem Tode
hülflos dastehen, so fehlt ihm die rechte Freudigkeit für seinen Beruf.
Das Zusammentreten einer größeren Zahl von Waldbesitzern zur
Gründung einer Pensions= und Wittwenkasse für ihre Beamten würde
die Last auf breite Schultern vertheilen. Innerhalb des Kreises der
dem märkischen Forstverein angehörenden Waldbesitzer ist eine dahin
zielende Bewegung übrigens bereits hervorgetreten.

Die z. Th. schon perfekt gewordenen, z. Th. noch im Entstehen
begriffenen Provinzial=Sterbekassen für Forstbeamte sind sehr geeignet,
wenigstens die erste Noth von den Hinterbliebenen fern zu halten. Die
Beiträge sind so niedrig, daß es durchaus im Interesse jedes Privat=
forstbeamten liegt, Mitglied seiner zuständigen Kasse zu werden.

Auf den ersten Blick erscheinen die vorstehend an den Wald=

---

[1] Vergl. Ziebarth „Das Forstrecht,“ Berlin 1887 Th. I. S. 37.

besitzer gestellten Anforderungen vielleicht zu hoch, in Wirklichkeit ent=
sprechen sie jedoch mehr oder minder den bereits vorhandenen Zu=
ständen. Derjenige Waldbesitzer, welcher seinem im Dienst ergrauten
Beamten den Stuhl vor die Thür setzt, gehört zu den Seltenheiten.

Sind diese Bedingungen erfüllt, so liegt gar kein Grund vor,
der höhere Gehälter wie im Staatsdienst erforderte. Am zweckmäßigsten
ist es, wenn dem Beamten außer freier Wohnung und bedingt freier
Feuerung zunächst nur eine bestimmte baare Summe, dagegen keinerlei
Acker=, Wiesen= oder gar Grasnutzung im Revier zugesichert wird.
Richtig ist es allerdings, daß der Beamte in jeder Beziehung möglichst
unabhängig von der umwohnenden Bevölkerung dastehen muß. Der
Staat vermag seinen Beamten in den meisten Fällen diese Unab=
hängigkeit nur dadurch zu sichern, daß er ihnen Dienstländereien giebt;
der Privatwaldbesitzer befindet sich in einer viel günstigeren Lage, da er
seinem Beamten die zum Lebensunterhalt nöthigen landwirthschaftlichen
Producte in der Gestalt von Deputat=Roggen, Kartoffeln, vielleicht auch
Futter für eine Kuh liefern kann.

Beide Theile gewinnen dadurch. Der Besitzer hat die Gewißheit,
daß den Beamten nicht das Interesse am Prosperiren der Land=
wirthschaft an der Ausübung des Dienstes hindert, und entzieht ihm
mithin jeden Vorwand für lässigen Dienstbetrieb; der Beamte ist da=
gegen nicht auf die unsicheren Einnahmen aus der Landwirthschaft an=
gewiesen, weiß genau, was er hat, und kann sich nach der Decke strecken.
Hat der Beamte Landwirthschaft, so beansprucht er auch die Waldweide,
falls solche möglich. Bei mangelnder Controle wird die Heerde des
Beamten der gefährlichste Feind der Schonungen. Er hält sich ferner
dann meist Pferde und kommt dadurch in die Versuchung, mehr Zeit
außerhalb des Waldes zuzubringen, als diesem gut ist.

Ganz fehlerhaft ist es, dem Beamten einen Theil des Gehalts
in der Form von Tantième zu gewähren. So sehr sich dieses System
in der Landwirthschaft bewährt, ebenso schädlich ist es für den Wald.
Der Beamte wird allerdings darauf bedacht sein, eine möglichst hohe
Einnahme zu erzielen. Er kann dies ohne jedes eigene Verdienst aber
sehr einfach dadurch erreichen, daß er die werthvollen Hölzer zum Ab=
trieb bringt, die schlechten Bestände dagegen dem Nachfolger im Besitz
wie im Dienst überläßt, auch seinen Herrn zu unvortheilhaften größeren

Abschlüssen drängt, nur um von einer möglichst großen Einnahme seine
Tantième auf ein Mal einzustreichen. ')

Erhält er Tantième vom Reinertrag, so wird er an den Aus=
gaben natürlich zu sparen suchen, eben so gut wie an der rechten aber
auch an der unrechten Stelle. Dadurch wird die Wirthschaft extensiv
und verloddert.

Stamm= und Anweisegeld sind ebenfalls als eine Art von Tantième
aufzufassen und daher nicht zulässig.

Freibrennholz zu gewähren ist zweckmäßig; jedoch nicht ganz frei,
sondern gegen Zahlung der Werbungskosten, um zur Sparsamkeit an=
zuregen. Zeitweilige Revision des Deputatholzes durch den Besitzer
ist empfehlenswerth. Es liegt zu nahe, daß der Beamte Nutzholz in
die Klafter schneiden läßt, um sich recht gutes Deputatholz zu verschaffen.

Was die Größe der Verwaltungs= und Schutzbezirke anbelangt,
so dürfen dieselben kaum größer sein, wie im Staatswalde. Aller=
dings sind die Beamten durch schriftliche Arbeiten und Nebenämter
weniger in Anspruch genommen, doch spricht der eigenartige, seiner
Natur nach mehr auf die Arbeit im Kleinen angewiesene Character der
Privatwaldwirthschaft für kleine Bezirke.

Nur größere Besitzer können selbstredend akademisch gebildete Be=
amte anstellen. Unter allen Umständen wird der Besitzer jedoch nur
dann die richtige Wahl treffen können, wenn er seine Ansprüche an die
Leistungsfähigkeit des Beamten zwar nach den Verhältnissen seines
Waldes bemißt, innerhalb der dadurch gezogenen Grenzen jedoch so
viel wie möglich verlangt und seine Gegenleistungen entsprechend normirt.
Der augenblicklich schlechte Zustand des Waldes darf kein Grund sein,
eine billigere aber schwächere Kraft der theureren aber besseren vorzu=
ziehen. Geschieht dies, so wird die Calamität eine dauernde, während

------

¹) Derartige Erfahrungen sind keineswegs neu. Schon von Dießkau klagt
1802 in seinem „Besorgten Forstwirth:“ „Derjenige, dem das Revier zur Aufsicht
anvertrauet worden, angetrieben durch Gewinnsucht und Eigennutz, auch unbekümmert,
ob es seiner Herrschaft zum Vor= oder Nachtheil gereiche, wird schon diese zu über=
reden suchen, wie hier und da dergleichen Hölzer zu hohen Preißen abgegeben werden
könnten.“

der befähigtere und gebildetere Beamte bessere Zustände angebahnt hätte. Mag der Besitzer vom besten Willen beseelt sein, zur Ausführung gelangen lassen kann er seine Pläne nur dann, wenn der Beamte das nöthige Verständniß besitzt, die Gedanken seines Herrn zur That werden zu lassen.

Durch sein eigenes Verhalten allein ist der Beamte nicht im Stande, sich das nöthige Ansehen der Bevölkerung gegenüber zu verschaffen, der Besitzer muß ihm dabei behilflich sein. Außer der bereits erwähnten Berechtigung zum Waffengebrauch trägt namentlich dazu bei die Befreiung von Nebenbeschäftigungen, welche sich mit dem Stande nicht vertragen und das Ehrgefühl des Beamten verletzen.

Bevor der Besitzer einen festen Contract schließt, thut er gut, zu seiner eigenen Sicherung die für die Königlichen Forstschutzbeamten erlassene (im ersten Theil auch für die Verwaltungsbeamten gültige) Förster-Dienst-Instruktion vom 23. October 1868 genau durchzustudiren. Er wird dadurch sehr viel Anhaltspunkte gewinnen.

IV. Die practische Forstwirthschaft.

1. Die Forstabschätzung.

Mit Absicht wird die Forstabschätzung an die Spitze derjenigen Abschnitte gestellt, welche von der practischen Forstwirthschaft handeln, denn diese kann nur dann gedeihen, wenn sie geordnet ist. Liegt ihr kein leitender Plan zu Grunde, so tappt der Waldbesitzer im Dunkeln; er hebt entweder die ihm zustehenden Zinsen nicht ab oder überschätzt die Kraft seines Waldes so lange, bis dieser Nichts mehr zu geben vermag; es fehlt ferner jeder Anhalt, wie sich die Zustände auf dem einfachsten Wege bessern lassen.

In der Landwirthschaft wird längst nach wohl durchdachtem Plan gewirthschaftet; ein großer, wenn nicht der größte Theil der Privatwaldungen entbehrt dagegen noch jeder Einrichtung.[1]

---

[1] von Kujawa betont im Jahrbuch des Schlesischen Forstvereins (1874), daß in vielen Gegenden (z. B. in Schlesien) oft nicht die Hälfte der Privat-

Wie groß ein Wald ſein muß, um überhaupt abgeſchätzt werden zu können, iſt ſchwer zu entſcheiden. Abgeſehen davon, daß die Betriebsart von Einfluß auf die erforderliche Größe iſt, ſpielt der Zuſtand eine weſentliche Rolle. Einen großen Wald, der nur aus Schonungen beſteht, kann man nicht abſchätzen, ein Durchforſtungsplan genügt hier vollkommen. Es muß daher die Entſcheidung, ob abgeſchätzt werden kann oder nicht, zum Theil einem gewiſſen natürlichen Gefühl überlaſſen werden.

Sind die Verhältniſſe annähernd normal, ſo gewähren die von Bernhardt[1] angeführten Zahlen einigen Anhalt. Hiernach kann angenommen werden, daß zum ſelbſtſtändigen Betriebe der Waldwirthſchaft nach dem Syſtem des Niederwaldes bei 20jährigem Umtrieb 1,28 ha Fläche, nach dem Syſtem des Hochwaldes bei 60jährigem Umtriebe 5,11—7,66 ha, bei 120jährigem Umtriebe 12,77—15,32 ha erforderlich ſind, um eine ſtreng nachhaltige rationelle Forſtwirthſchaft zu betreiben. Danckelmann[2] nimmt für Betriebsklaſſenwaldungen, d. h. ſolche, welche groß genug ſind, um für dieſelben einen jährlichen Nachhaltbetrieb mit regelmäßiger Altersabſtufung einzuführen, 10 ha als Minimalgröße an.

Die Vortheile der Abſchätzung äußern ſich nach mancherlei Richtungen hin. Es werden allmählich beſſere Waldzuſtände herbeigeführt, der Raubwirthſchaft durch einen gewiſſen moraliſchen Zwang ein Ende gemacht, die Höhe der nachhaltigen Naturalrente ermittelt, eine ſchärfere Controle der Beamten ermöglicht, der geſunde Credit gehoben, die ganze Wirthſchaft eine intenſivere.

Häufig liegt die Abneigung gegen eine ordnungsmäßige Einrichtung in dem Bewußtſein, ſie nicht mit Hülfe der eigenen Beamten ausführen zu können.[3] Es wird deßwegen meiſt erforderlich, einem erfahrenen

---

waldungen einem ordnungsmäßigen Taxationsverfahren unterzogen worden iſt. Es bezieht ſich dieſe Angabe jedenfalls auf die Fläche; würde man nach der Zahl der Beſitzer abſchätzungsfähiger Waldungen rechnen, ſo ergäbe ſich ſicher ein noch viel ungünſtigeres Verhältniß.

[1] „Die Waldwirthſchaft und der Waldſchutz" 1869 S. 13.

[2] „Gemeindewald und Genoſſenwald," Berlin 1882 S. 66.

[3] Es ſind ſchon Verſuche gemacht worden, Anleitungen zur Forſtabſchätzung für Waldbeſitzer zu ſchreiben (z. B. von Maron), indeſſen iſt dieſes Gebiet doch ein

Taxator, der dem Revier bis dahin fern gestanden, die Arbeit zu übertragen. Läßt derselbe indessen niemals außer Acht, daß die wirth= schaftlichen Intentionen des Besitzers schließlich immer den Ausschlag geben müssen, vereinbart er vor Allem mit diesem den Umtrieb und welche Bestände der ersten Periode zu überweisen sind, so arbeitet sich der Besitzer in die Sache hinein, und zwar sehr zum Vortheil der Weiterführung der Wirthschaft nach den Vorschriften des Taxations= werks. Wird diese Gelegenheit, in den Geist der Sache einzudringen, Seitens des Besitzers versäumt, arbeitet er mithin an der Abschätzung nicht mit, so sieht er in ihr nur fremde Ideen verkörpert; die Ein= richtung wird zur leeren, bald wieder abgestreiften Form. Insofern ist auch der Verfasser für eine „Forsteinrichtung in Eigenregie", die Haupt= arbeit muß aber doch dem Taxator überlassen bleiben.

Es kann der guten Sache, d. h. einer immer ausgedehnteren planmäßigen Bewirthschaftung der Privatforsten wenig förderlich sein, wenn die berufenen Taxatoren in den Augen der Waldbesitzer derartig discreditirt werden, wie dies von mehreren modernen Schrift= stellern mit Vorliebe geschieht. Obenan steht in dieser Beziehung Tichy. [*])

Eine waldbauliche Zwangsjacke darf allerdings der Taxator dem Walde nicht für die Dauer einer Periode oder noch länger aufnöthigen wollen, sonst wird in der That die Holzzucht zur Magd der Betriebs= einrichtung (Gayer). Das will indessen auch wohl kaum ein ver= ständiger Taxator. Der Zweck seiner Arbeit ist es, diejenige Ordnung anzubahnen, welche der Waldbesitzer selbst zu haben wünscht. Bringt er gleichzeitig seine subjectiven Ansichten in waldbaulicher Beziehung zur Geltung, so giebt er damit nur einen Rath, nichts weiter. Der Wirthschafter ist durchaus nicht an die Befolgung desselben gebunden; er kann davon abweichen, ohne daß der ganze Aufbau des Betriebs= werks über den Haufen geworfen wird.

---

so schwieriges, daß eine bloß theoretische Information nicht genügen kann. Die Abschätzung eines Privatreviers ist schon deßwegen eine schwierigere, weil die bis= herige Wirthschaft und namentlich Buchführung meist nur geringen Anhalt gewährt.

[*]) Vergl. die Broschüre desselben: „Die Forsteinrichtung in Eigenregie des auf eine möglichst naturgesetzliche Waldbehandlung bedachten Wirthschafters." Berlin 1884. Die Schreibweise Tichy's erinnert manchmal lebhaft an die Ph. Geyer's ("Der Wald im nationalen Wirthschaftsleben").

In den Grundzügen darf eine Privattaxe den für die Staats-forsten erlassenen Vorschriften folgen; die Unterschiede in den Zwecken der Privat- und Staatsforstwirthschaft, nicht zum wenigsten auch die Verschiedenheit des Zustandes beider Arten von Waldungen bedingen jedoch mancherlei Abweichungen. In den Staatsforsten überwiegen die Altbestände; es ist sogar hier und da unabweisbare Nothwendigkeit geworden, mit den überalten Beständen zu räumen,[1] im Privatwalde wird es sich umgekehrt fast immer darum handeln, älteres Holz erst wieder zu erziehen. Trotzdem soll eine möglichst regelmäßige Nutzung unter strenger Wahrung der Nachhaltigkeit stattfinden.

Der Begriff der Nachhaltigkeit ist ein schwer definirbarer und muß daher mehr oder minder in das subjective Ermessen gestellt werden.[2] Eine ausführliche Erklärung des Begriffs giebt die Ministerial-Instruktion zum Gemeindewaldgesetz vom 14. August 1876. Am weitesten steckt Judeich[3] die Grenzen der Nachhaltigkeit, indem er nur Wiederverjüngung aller abgetriebenen Bestände verlangt.

Auf Grund mathematischer Formeln läßt sich jedenfalls die vor-handene Nachhaltigkeit am wenigsten beweisen. Dies würde nur dann möglich sein, wenn das Waldmaterialcapital dasselbe wäre wie ein tobtes Geldcapital, wie Wiese[4] richtig bemerkt.

Der Umtrieb allein ist für die Nachhaltigkeit nicht entscheidend; Niederwälder mit niedrigem Umtrieb können sehr wohl nachhaltig be-wirthschaftet werden, wie die Jahrhunderte zurückreichende Geschichte des Schälwaldes beweist, während andrerseits sehr hohe Umtriebe auf armen Sandböden wegen des lichten Schirms und der räumlichen

---

[1] Die in neuerer Zeit zuweilen angegriffene Herabsetzung der Umtriebszeiten dürfte in den meisten Fällen allein hierauf zurückzuführen sein, soweit es sich wenigstens um die preußischen Staatsforsten handelt. Der Staat hat allerdings die Pflicht, mit hohen Umtrieben zu wirthschaften; diese Pflicht bedingt aber kein Ueberhalten fauler Reserven; dadurch würde das Nationalvermögen geradezu ge-schädigt werden.

[2] Vergl. z. B. Borggreve „Die Forstabschätzung," Berlin 1888 S. 251 ff.

[3] „Die Forsteinrichtung" 3. Aufl. Dresden 1880.

[4] „Die Bewirthschaftung der Privatforsten," Berlin 1874.

Stellung alter Kiefern die Nachhaltigkeit nicht begünstigen. Die dauernde Erhaltung der natürlichen Erzeugungskraft des Standorts ist mithin ebenso wichtig wie die Umtriebsbestimmung. Der dritte und wichtigste Factor ist der augenblickliche Zustand des Reviers, und zwar besonders wie ihn die Quintessenz der Altersklassentabelle, das mittlere Bestandsalter, darstellt.

Die Einrichtung des Niederwaldes ist eine ungemein einfache, der Mittelwald hat für den Privatwaldbesitz eine beschränkte Bedeutung; Verfasser will sich daher darauf beschränken, die Betriebsregulirung des Hochwaldes in das Auge zu fassen, ohne hierbei auf den aussetzenden Betrieb näher einzugehen. Die Wirthschaft im kleinen und kleinsten Walde ist — soweit sie nicht etwa unter staatlichem Zwange steht — naturgemäß eine so freie und von den Conjuncturen abhängige, daß sie eines eigentlichen Betriebsplans nicht bedarf.

In derartigen Waldungen würde die Umwandlung des aussetzenden Betriebs in den jährlichen durch Ueberführung in den Mittel= oder Plenterwald, oder die Bewirthschaftung nach Gayer'schem und Ney'schem Wirthschaftssystem sehr wohl am Platz sein, wenn nicht die beim Abschnitt „Waldbau" angeführten Hindernisse vorlägen.

Zunächst handelt es sich beim jährlichen Betrieb um die wichtige Frage, welche Taxationsmethode zur Anwendung kommen soll. Mög= lichste Einfachheit, Vermeidung alles überflüssigen oder nicht durchaus nothwendigen Beiwerks ist Vorbedingung, da im Privatwalde der gute Wille wohl vorhanden sein mag, vielfach aber die Kräfte fehlen, um nach einem complicirten Abschätzungswerk zu wirthschaften. Viel= leicht wäre der gerade im Dienst befindliche Beamte durch seine Vor= bildung oder eifrige Mitarbeit am Abschätzungswerk dazu im Stande; dies schließt aber nicht aus, daß bei einem Personenwechsel wieder Alles in die Brüche geht.

Scheinbar genügt das reine Flächenfachwerk diesen Anforderungen am besten, da es auf der einfachsten und von Hause aus natürlichsten Grundlage beruht. Für den Niederwald ist die einfache oder proportionale Theilung nach der Fläche die einzig anwendbare Methode, für den Hochwald hat sie aber doch ihre gewichtigen Bedenken. Die erste Schwierigkeit liegt in der ausreichenden Controle der Nutzung. Bei der Masse ist dieselbe sehr einfach, bei der Fläche nur dann, wenn die jährlichen Hiebsflächen ganz regelmäßige ebene Figuren sind.[1]) Bei der unregelmäßigen Eintheilung der Privatwaldungen, namentlich im Gebirge, sind die Flächen nur durch genaue Messungen mit Instrumenten festzustellen. Die allenfalls genügende Berechnung nach der Pflanzenzahl bei der dem Hiebe folgenden Cultur, kommt zu spät und hat für Reviere, wo mehr gesäet wird, eine beschränkte Bedeutung. Sehr erschwert, ja fast unmöglich ist die Abnutzungscontrole nach der Fläche bei natürlicher Verjüngung oder Schirmschlagwirthschaft.

Der Hauptnachtheil des Flächenfachwerks ist indessen anderswo zu suchen. Eine jährlich annähernd gleiche Natural= oder noch besser Geldeinnahme wäre bei der Berechnung der jährlichen Schlagfläche nach der Formel:

$$\frac{\text{Fläche der erften Periode}}{\text{Anzahl der Jahre der erften Periode}}$$

niemals zu erreichen. Man müßte zu einer so verwickelten Proportionalflächentheilung nach Boden und Bestandsgüte seine Zuflucht nehmen, daß jede Uebersichtlichkeit verloren ginge. Wiese (a. a. O.) spricht mehrfach die Ansicht aus, daß der Besitzer nicht nur von kleinen sondern selbst mittleren Privatforsten auf eine gleiche Jahres= nutzung von vorneherein verzichten könne. Diese Auffassung dürfte doch das Richtige nicht ganz treffen. Die völlig gleiche jährliche Nutzung wird schwerlich stets inne gehalten werden; es würde dies sogar weder nöthig noch immer zweckmäßig sein, der Besitzer muß indessen jederzeit wissen, wie viel er nutzen darf, um den Ausgleich herbeizuführen. Weiß er dies nicht, so ist die erstrebte Ordnung trotz der Einrichtung immer noch nicht vorhanden. Es mag sein, daß bei dem Zustande der Mehrzahl der Privatwaldungen die Berechnung des jährlichen Abnutzungssatzes nach der Masse dem Besitzer häufig eine recht herbe Enttäuschung bereiten wird. Ein scharfer Schnitt ist jedoch für die Heilung eines chronischen Leidens manchmal besser wie eine zu vorsichtige Behandlung.

Weise[2]) sucht die Ungleichheit der Jahresnutzung beim Flächen=

---

[1]) Vergl. auch Abschnitt „Waldwirthschaft und Landwirthschaft."

[2]) W. Weise „Die Taxation der Privat= und Gemeindeforsten nach dem Flächenfachwerk," Berlin 1883.

fachwerk dadurch zu vermeiden, daß er einen Reservefonds bildet, der
die Mehr= oder Mindereinnahmen ausgleichen soll. Der Gedanke
würde an und für sich beachtenswerth sein, da dadurch die Wirthschaft
nach einem Etat, dessen ein guter Haushalter nicht entrathen kann, er=
möglicht würde; mit der practischen Aus= und Durchführung dieses
Gedankens möchte es indessen doch recht bedenklich hapern.

Es kann eigentlich also gar kein Grund vorliegen, diejenige Me=
thode der Abschätzung, welche sich in den preußischen und meisten anderen
Staatsforsten seit nunmehr 50 Jahren bewährt hat, nicht zu wählen.
Der Privatwald soll nach keiner Richtung hin ein Versuchsfeld sein,
am allerwenigsten aber für die Forstabschätzung. Das combinirte
(Cotta'sche) Fachwerk[1]) bietet so viel Vorzüge, ist so durchgebildet, daß
es getrost auch für die Abschätzung der Privatforsten zur Anwendung
gebracht werden kann. Einen ferneren sehr wesentlichen Vortheil dürfen
wir wohl darin sehen, daß die meisten Taxatoren in dieser Taxations=
methode die größte practische Erfahrung besitzen und daher bei ihrer
Anwendung die vollkommenste Arbeit zu liefern vermögen. Verfasser
hat eine Anzahl von Privatrevieren nach dem combinirten Fachwerk
eingerichtet und dabei stets gefunden, daß die interessirten Waldbesitzer
sich in den Gedankengang der Abschätzung ohne große Mühe hineinzu=
leben vermochten.

Gebraucht der Taxator die Vorsicht, in der Einleitungs=Ver=
handlung recht ausführlich und erklärend nicht bloß auf die concreten
Verhältnisse, sondern auch auf manchen Grundbegriff einzugehen, so
wird dieses Verständniß für die Zukunft erhalten.

Noch mehr wird dasselbe gefördert, wenn der Taxator nach Fertig=
stellung des Abschätzungswerks noch kurze Zeit im Revier verbleibt, um
während derselben die Wirthschaft nach seinem Werk ein= und die Be=
amten entsprechend anzuleiten. Für den Besitzer ist dieses längere
Verweilen ein unberechenbarer Vortheil; bei der großen Menge von
Forstassessoren — welche wohl besonders in Betracht kommen — wird
auch der Taxator meist Zeit und Neigung dafür haben.

Welchen Einrichtungszeitraum soll nun das Abschätzungswerk um=

---

[1]) Die Normalvorrathsmethoden kommen kaum in Betracht; höchstens noch die
Carl Heyer'sche, welche dem Fachwerk nahe steht.

faffen? Formell einen Umtrieb, z. Th. auch noch mehr (bei durch=
gehenden Flächen); in Wirklichkeit genügt jedoch für die jüngeren
Perioden von der dritten abwärts der Beweis des Gedecktseins durch
entsprechende Flächen und Altersklaffen. Es kann zunächst also allein
darauf ankommen, die Längen der Perioden, besonders der erften, zu
bemeffen. Am zweckmäßigften ist es, einen 20jährigen Zeitraum[1]
zu wählen. Einerseits ist ein schneller Wechsel im Walde — den
10jährige Perioden bedingen — vom Uebel, und dann wird die
Wirthschaft bei 20jährigen Perioden eine freiere und naturgemäßere
sein können, weil mehr Anhiebsflächen zur Disposition stehen. Wo
Naturverjüngungsbetrieb besteht, sind 10jährige Perioden ganz unge=
nügend. Sollte es nöthig werden, so kann eine Taxationsrevision
nach zehn Jahren immer noch eintreten.

Man könnte es aus den vorstehenden Gründen sogar für zweck=
mäßig halten, die laufende Wirthschaftsperiode im Gegensatz zu den
jüngeren auf 30 oder selbst 40 Jahre zu verlängern. Dem steht jedoch
entgegen, daß die größere Fläche leicht zu Uebergriffen reizt, und daß
die Maffen= und namentlich Zuwachsberechnungen zu ungenau werden
würden.

Der Umtrieb ist „der Grundpfeiler der Ordnung" (Wiefe); seine
richtige Bestimmung daher von der größten Wichtigkeit — vorläufig
aber nur da, wo die Waldzustände normal oder annähernd normal
sind. Dies ist nun bei der überwiegenden Mehrzahl der Privatreviere
nicht der Fall. Der Wald hat meist unter einer Reihe von nach=
theiligen Einflüffen so lange zu leiden gehabt, daß erst wieder Holz= —
z. Th. auch Boden=! — capitalien angefammelt werden müffen, um
einen angemeffenen Nutzen aus ihm ziehen zu können.

Das Ueberwiegen der jüngeren Bestände würde scheinbar für
niedrigen Umtrieb sprechen, wenn nicht die der erften Periode rechnungs=
mäßig zu überweifende Fläche damit wüchse. Man probire ein Mal,
ob man in der Mehrzahl der Privatreviere bei Annahme eines
60jährigen Umtriebs so viel relativ haubare — abgefehen von den
hiebsnothwendigen — Bestände zusammenbekommt, daß der erften

---

[1] Das Gemeindewaldgefetz vom 14. August 1876 § 4 b rechnet eo ipso
mit diefer Periodenlänge.

Periode ein volles Drittel der Fläche überwiesen werden kann, ohne
bei vielen Beständen von dem durchschnittlichen Abtriebsalter zum
Schaden der zweiten Periode nach unten hin abweichen zu müssen.¹)
Hält man trotzdem an der periodischen Gleichstellung fest, so bewegt
sich die Wirthschaft in einem viel niedrigeren Umtriebe, als das Ab=
schätzungswerk zugesteht. Der Raubwirthschaft ist nur ein Mäntelchen
umgehängt, das die wahre Natur schlecht verbirgt.

Nothgedrungen wird also entweder ein höherer Umtrieb wenigstens
während der nächsten 20 Jahre angenommen werden müssen, oder die
erste Periode ist im Verhältniß zu den jüngeren geringer zu dotiren.

Was die Umtriebsfrage im Allgemeinen anbelangt, so kann es
nicht zweifelhaft sein, daß den verschiedenen wirthschaftlichen Verhältnissen
entsprechend der Umtrieb im Privatwalde ein niedrigerer sein darf und
auch fast ausnahmslos ist, wie im Staatswalde. Vorbedingung für
die Wirthschaftlichkeit niedriger Umtriebe bleibt jedoch jederzeit die Ver=
wendungsfähigkeit der in ihnen erzeugten Producte als Nutzholz. Hört
diese Möglichkeit auf, so führen sie unabweisbar zur Mißwirthschaft.
Bei der großen Entwickelung der Holz verarbeitenden Industrien ist
zwar junges Holz absetzbar, indessen ist zu bedenken, daß der Preis
nicht allein durch Angebot und Nachfrage, sondern viel mehr durch
den Grad der Nützlichkeit der betreffenden Waare bestimmt wird.

Es folgt hieraus, daß die niedrigen Umtriebe für den Privat=
wald nicht unbedingt vortheilhafter²) sein müssen wie die hohen.
Werthvolles Holz wird nur in den letzteren erzeugt. Man hört
so häufig klagen: „Solches Holz, wie wir jetzt hauen, erziehen wir
nicht mehr." Das ist richtig, es liegt aber nur daran, daß man gar
nicht den Willen hat, es alt genug werden zu lassen. Dasselbe Bild
wie bei der Degeneration der Hirschgeweihe und Rehgehörne. Die in
Torfmooren gefundenen weisen colossale Dimensionen auf, die der
Jetztzeit haben dünne Stangen, schlechte Enden, keine Perlen. Man

---

¹) Weise glaubt, „daß der Regel nach die hiebsreifen und hiebsnothwendigen
Bestände auf größeren Flächen vorhanden seien, als der Plan es verlange." Die
hiebsreifen Bestände gewiß nur recht selten!

²) Daß sie lucrativer sind, bedingt noch nicht, daß sie auch dauernd vor=
theilhafter sind.

redet von Raffe, Aefung und dgl. Das macht es nicht. Der Hirsch oder Bock wird nicht alt genug, darum setzt er schlecht auf.

Vom rein practischen Standpunkt aus betrachtet, wird weniger die Rücksicht auf die angeblich geringe Verzinsung des Materialcapitals bei hohem Umtrieb zur Wahl eines niedrigen Umtriebs führen,¹) als die ewige Versuchung, welcher der Besitzer durch das Vorhandensein einer großen Anzahl hau= und versilberbarer Bestände ausgesetzt ist.

Es ist dies ein Umstand, auf den der Taxator Rücksicht nehmen muß. Es ist besser, mit niedrigem Umtrieb nach den Vorschriften des Abschätzungswerkes zu wirthschaften, als nominell den Grundsätzen G. L. Hartig's zu folgen, in Wirklichkeit aber sich an den Betriebsplan nicht zu kehren.

So ohne Weiteres läßt sich freilich der Umtrieb nicht beliebig er= niedrigen; das geht nur rechnungsmäßig, nicht aber in der Praxis. Der 60jährige Umtrieb ist — ausgenommen etwa die allerärmsten Sandböden — nur so lange durchführbar, als die genutzten Bestände älter sind als 60 Jahre. Spätestens im zweiten Umtrieb wird sich die Unmöglichkeit, so weiter zu wirthschaften, herausstellen, wenn nicht schon früher Calamitäten und der rapide Rückgang der Standorts= thätigkeit ein handgreifliches Veto eingelegt haben.

Eiche und Buche verlangen theils wegen der Gebrauchsfähigkeit, theils wegen der Verjüngung einen bedeutend höheren Umtrieb. Bei den Nadelhölzern ist die Sache schwieriger zu entscheiden. Was unter Umtrieb zu verstehen ist, weiß jeder Waldbesitzer, bei der Wichtigkeit der Sache ist es jedoch erforderlich, daß ihm der Taxator alle Con= sequenzen seiner Entscheidung von vorneherein klar macht, damit ihn seine gute Absicht, mit hohem Umtrieb zu wirthschaften, später nicht gereut und die ganze Arbeit vergeblich gewesen ist. Sieht der Waldbesitzer vollkommen klar in der Sache und beharrt auf seinem Entschluß, vor= läufig auf eine höhere Einnahme zu verzichten, so versteht es sich von selbst, daß der Taxator einer solchen Auffassung in jeder Weise entgegen kommen muß.

---

¹) Die größere Sturmgefahr kann wohl kaum ein Grund sein, sich niedriger Umtriebe zu bedienen (Weise a. a. O. S. 53). Dieser Gedanke findet sich übrigens auch bei Heß „Forstschutz" S. 567.

Ist dagegen die sparsame Wirthschaft nicht gesichert, so empfiehlt sich die Einrichtung des Reviers im 80jährigen Umtrieb. Es soll nicht geleugnet werden, daß dieser weder nach dem Princip der höchsten Boden= noch nach dem der höchsten Waldrente der vortheilhafteste ist; unter Berücksichtigung der besonderen Verhältnisse des Privatwaldes glaubt Verfasser jedoch daran festhalten zu müssen, daß er bei dem Vorhandensein der vorstehend besprochenen Umstände der beste ist.

Will der Besitzer noch weiter herunter — doch das wird eine Seltenheit sein, denn wenn dieser Wunsch vorhanden ist, läßt der Be= sitzer nicht taxiren! — so hat der Taxator die ernste Pflicht, auf die Gefahren des Bodenrückgangs, der Vermehrung der culturfeindlichen Insecten, des Feuers, der Verzögerung der Cultur auf den großen Hiebsflächen 2c. 2c. hinzuweisen. Besteht der Besitzer trotzdem auf seinem Willen, so kann der Taxator seine Hände in Unschuld waschen.

Ist augenblicklich die Gelegenheit noch günstig, jüngere Hölzer — namentlich durch Abgabe an Gruben — zu guten Preisen zu ver= werthen, überwiegen ferner die jungen Bestände, so kann man es Niemand verdenken, wenn er diese Conjuncturen benutzt. Es bleibt nur gewagt, die ganze Wirthschaft darauf hin einzurichten und sich keine Hinterthür offen zu lassen. Können beispielsweise die Gruben erst billiger mit Eisen bauen, so werden sie gewiß nicht dem Walde zu Liebe Holz verwenden. Die Wirthschaft ist dann mit einem Schlage lahm gelegt und es tritt jener unhaltbare Zustand der Brennholzwirthschaft mit niedrigem Umtrieb ein, falls der Besitzer nicht so lange auf eine nennenswerthe Rente verzichtet, bis das Altersklassenverhältniß sich ge= bessert hat und zu einer Wirthschaft mit höherem Umtrieb über= gegangen werden kann. Einen derartigen Verzicht werden aber nicht viele Besitzer leisten wollen.

Es empfiehlt sich daher in Grubenholzrevieren zwei Betriebsklassen — innerhalb der Blöcke oder falls diese nicht gebildet werden, im ganzen Revier — zu trennen, von denen die eine aus jüngeren Be= ständen zusammengesetzt ist, die das Umtriebsalter nur eben oder nicht voll erreichen — Grubenhölzern — während die Bestände der anderen um so älter werden — Starkhölzer. Am besten ist es, diese Trennung nicht nur in der I., sondern in sämmtlichen Perioden vorzunehmen. Generell erscheint es zwar erstrebenswerth, das Abtriebsalter des ein=

zelnen Bestandes möglichst der Umtriebszeit gleich zu stellen, unter obigen Verhältnissen dürfte jedoch ein Abweichen hiervon gerechtfertigt sein. Wird diese Theilung in zwei Betriebsklassen nicht vorgenommen, so liegt es zu nahe, bei der Sanctionirung eines sehr niedrigen Umtriebs durch die Forstabschätzung, der I. Periode alle älteren Bestände zu überweisen, während auf diese Weise bis gegen Ende des Umtriebs immer noch einige davon gerettet werden. Wenn auch die Stangenhölzer stärker angegriffen werden, so erscheint dieser Nachtheil doch geringfügiger, weil eben diese Bestände überwiegen.

Die Herstellung des Normalzustandes wird freilich durch die Theilung in zwei Betriebsklassen verzögert; der auf sehr niedrige Umtriebe zugeschnittene Normalzustand ist indessen kein einwurfsfreier.

Ein anderer Ausweg würde die Theilung des Reviers in Blöcke mit verschiedenen Umtrieben sein. Das vorstehend angegebene Verfahren bietet aber den Vortheil, daß die Gefahren des niedrigen Umtriebs nicht auf einen Theil des Reviers concentrirt — wodurch sie sich mehr bemerkbar machen würden — sondern vertheilt werden. Mit der Theilung in Blöcke ist, wie wir weiter unten sehen werden, im Privatrevier außerdem mit großer Vorsicht zu verfahren.

Ein brauchbares Grubenholz liefern übrigens die Durchforstungen in den älteren Beständen, welche zu Gunsten der Brennholzwirthschaft noch viel zu sehr vernachlässigt werden.

Die Neumessung des Reviers gehört im Allgemeinen nicht zu den Functionen des Taxators, ebenso wenig die Grenzregulirung und Grenzsicherung;[1] doch ist es zweckmäßig, etwa in Aussicht genommene Umwandlungen von Wald in Feld und umgekehrt — Enclaven, vorspringende Ecken — zu berücksichtigen, um die Grundlagen der Abschätzung bis zur nächsten Revision des Betriebsplans möglichst intact zu erhalten.

Die vorhandenen Karten sind zwar gewöhnlich nur Copien der Grundsteuerkarten und ungenau, doch bedarf es für die Zwecke der

---

[1] Vergl. Rich. Kalf „Die Sicherung der Forstgrenzen." Eberswalde 1879. Heß „Forstschutz" S. 8 ff.

Betriebsregulirung keiner peinlichen Genauigkeit, wenigstens nicht, insoweit es sich um die jüngeren Perioden handelt. Nicht so bei den Beständen der I. Periode. Hier dient die Fläche als Grundlage der Massen= berechnung; es geben daher falsche Flächen die Veranlassung zur un= richtigen Berechnung der Massen und damit zu starken Schwankungen des zulässigen Abnutzungssolls. Ist der Endhieb in einer Abtheilung geführt, und stimmt die Festmeterzahl des Einschlags nicht mit der Schätzung überein, so wird dem Taxator die Schuld gegeben. Dieser ist es sich daher selbst schuldig, die Bestände der I. Periode besonders genau herauszumessen. Detailmessungen lassen sich so wie so kaum vermeiden, bei dieser Gelegenheit können dann diejenigen Grenzlinien und Winkel von Flächen der I. Periode nachgemessen werden, welche auf der Karte bereits festliegen. Die Specialkarte hiernach zu be= richtigen, ist meist nicht thunlich, weil bei erheblichen Abweichungen die Uebersichtlichkeit leiden würde. Es empfiehlt sich daher, ein besonderes Couponbuch anzulegen, in welchem jeder Bestand der I. Periode auf Grund der Neumessung aufgetragen wird. Dasselbe kann später dazu dienen, Hauungen und Culturen einzutragen. Selbstverständlich muß die Berechnung der der I. Periode überwiesenen Flächen ebenfalls hiernach und nicht nach der Specialkarte erfolgen.

Durch Reduction der Specialkarte ist nach Fertigstellung des Ab= schätzungswerkes die Wirthschaftskarte anzufertigen. Es ist practisch, nicht den Maßstab 1 : 25000, sondern 1 : 12500, selbst 1 : 10000 zu wählen, um die Uebersichtlichkeit zu erhöhen. Wenn die Wirth= schaftskarte von den Dispositionen des Betriebsplans so viel ersehen läßt, wie dies bei den Wirthschaftskarten der Staatsforsten der Fall ist, so reicht es vollkommen aus. Jedes Mehr ist sogar vom Uebel. Geradezu unmöglich dürfte es sein, alles hineinzubringen, was Weise[1]) verlangt. Sehr zweckmäßig ist es, wenn der Besitzer Blanketkarten (Zinkdruck) im Maßstabe der Wirthschaftskarte anfertigen läßt, und zwar als Schutzbezirkskarten für die Förster, zur Vertheilung an ge= werbsmäßige Holzkäufer, zum Aufhängen in den Dorfkrügen u. s. w. Dadurch werden die Jagen= oder Districtsnummern am schnellsten be= kannt, um so besser, wenn die Karten auch die Localnamen ent=

---

[1]) a. a. O. S. 137 ff.

halten. Die Herstellungskosten sind gering und bringen sich reichlich wieder ein.

Den Vermessungsarbeiten geht vorauf oder folgt, je nachdem, die Eintheilung des Reviers in Wirthschaftsfiguren. Häufig werden über diesen Punkt die Ansichten des Waldbesitzers und des Taxators sehr auseinandergehen. Der Taxator möchte in ebenen Revieren gern die regelmäßige Jageneintheilung der Staatsforsten durchführen, dem Besitzer ist dieselbe aus mancherlei, besonders jagblichen Rücksichten ein Greuel.¹) Hält man daran fest, daß eine Eintheilung überhaupt vorhanden und übersichtlich sein muß, daß die Grenzen der Wirthschaftsfiguren jederzeit müssen auch ohne Karte leicht gefunden werden können, daß die Wirthschaftsfiguren selbst nicht zu groß (Maximum 25 ha) und nicht so unregelmäßig werden dürfen, daß eine vernünftige Hiebsfolge illusorisch wird, und daß endlich die zufälligen Bestandsgrenzen im Allgemeinen sehr ungeeignete Begrenzungslinien für Wirthschaftsfiguren sind, so können im Uebrigen den Wünschen des Besitzers viele Concessionen gemacht werden.

Vorzugsweise gilt dies, wenn der Taxator schon eine Eintheilung vorfindet, an die sich die bisherige Wirthschaft mehr oder minder angeschlossen hat. Eine gänzliche Umgestaltung würde in diesem Falle die Bestandseinheiten vielfach ohne genügenden Grund zerreißen. Ist die alte Eintheilung nicht zu widersinnig, so kann sich der Taxator auf das Verbessern, Vervollständigen, Zerlegen zu großer Complexe beschränken.

Es geht auch nach einer unregelmäßigen Eintheilung zu wirthschaften. Im Gebirge bedient man sich derselben ja immer, ausgenommen etwa Plateaus, größere Thalmulden u. f. w. Gewisse Abweichungen von der regelmäßigen Eintheilung sind sogar entschieden vortheilhaft. So ist es zweckmäßig, breitere Wege zur Eintheilung zu benutzen. Dieselben sind wegen der natürlichen Windmäntel an den Bestandsrändern sehr geeignete Linien, um mit den Hiebszügen abzusetzen, ersparen das Liegenlassen von unproductiver Fläche, sind sehr günstig für Aufsetzen und Abfuhr des Holzes; außerdem ist die

---

¹) Ohne Frage wird manchmal hierin zu weit gegangen Vergl. von Salisch, „Forstästhetik.“ Berlin 1885 S. 100 ff.

Orientirung für die Holzkäufer weit leichter, wenn die Jagenſteine möglichſt auf Wegekreuzungen, anſtatt auf den Schnittpunkten unfahrbarer, ſchmaler Linien ſtehen.

Werden neue Eintheilungslinien nöthig, ſo legt man dieſelben am beſten ſo, daß ſie gleichzeitig der Holzabfuhr dienen können, ſelbſt wenn ſie dann auch wegen natürlicher Terrainhinderniſſe nicht ganz gerade verlaufen. Viele neue unfahrbare Linien vermehren die unproductive Fläche; der Zuwachs der Randbäume iſt eine ſehr zweifelhafte Entſchädigung dafür.

Im Gebirge hat der Eintheilung der Entwurf des Wegenetzes und das Abſtecken der für nöthig befundenen neuen Wege voranzugehen, da dieſelben neben den natürlichen Grenzen der Wirthſchaftsfiguren (Kämme, Thalſohlen, Waſſerläufe, Expoſitionswechſel) für die Eintheilung benutzt werden müſſen, obwohl Hangwege im Allgemeinen ſchlechte Grenzen bilden.

Gerade im Gebirge liegt ein Weg günſtiger, wenn er an der Grenze der Wirthſchaftsfigur verläuft — namentlich an der unteren — als wenn er ſie durchſchneidet.

Nummern müſſen die Wirthſchaftsfiguren nun ſchon einmal erhalten, ſo ſehr die Waldidylle dadurch auch geſtört wird. Localnamen ſind viel ſchöner, für die Orientirung der Nachbarſchaft geeigneter, aber es hat nicht jeder Waldort ſeinen Namen, ferner ſind die Grenzen der benamſten zu unbeſtimmt und fallen ſelten mit denen der Wirthſchaftsfiguren zuſammen.

Auf die Eintheilung folgt die Abtheilungsbildung, verbunden mit der Beſtandsaufnahme. Die letztere hat möglichſt ſorgfältig zu geſchehen an der Hand der von den deutſchen Verſuchsanſtalten gegebenen Anleitung, weniger um umfangreiche Boden- und Beſtandsbeſchreibungen in das Abſchätzungswerk einzutragen, als um ein getreues Bild der Verhältniſſe jedes einzelnen Beſtandes für die weiteren Diſpoſitionen zu gewinnen.

Bei der Abtheilungsbildung iſt eine weitgehende Trennung unter Berückſichtigung kleiner Beſtands- und Bodenunterſchiede für die jüngeren Perioden mindeſtens überflüſſig, nicht aber ſo für die Beſtände der I. Periode. Um die Maſſe genau ermitteln zu können, iſt hier eine ſubtilere Trennung erforderlich. Ueberhaupt iſt es in kleineren Waldungen nicht gut, wenn die der I. Periode überwiesenen Abtheilungen sehr groß sind (d. h. jede für sich betrachtet). Ist die Einschätzung der Masse nicht sehr genau erfolgt, so wächst natürlich mit der Größe der Fläche die des Fehlers, somit auch die Differenz zwischen dem Ist des Einschlags und dem Soll der Schätzung. War zu niedrig geschätzt, so schadet es nicht viel, im umgekehrten Falle drückt aber der Minder= ertrag auf das zulässige Abnutzungssoll.

Beispielsweise betrage der ermittelte jährliche Abnutzungssatz in der Hauptnutzung für ein kleineres Revier 500 fm. Im Laufe der Wirthschaft wird eine Abtheilung von 10 ha Größe fertig abgetrieben. Der Taxator hatte incl. Zuwachs pro ha 350 fm geschätzt, im Ganzen also 3500 fm; der Einschlag ergiebt aber nur 320 fm pro ha, im Ganzen 3200 fm. Bei der Balance im Controlbuch muß der Aus= fall angerechnet werden, das zulässige Abnutzungssoll sinkt mithin — von den Einflüssen der anderen Rechnungsfactoren abgesehen — von 500 auf 200 fm für das nächste Jahr. Das ist ein empfindlicher Schlag, der fast immer Ueberhiebe nach sich ziehen wird. Wäre jener Bestand trotz seiner Gleichartigkeit in zwei oder drei Abtheilungen zerlegt worden, so würde die Differenz sich früher bemerkbar und weniger fühlbar gemacht haben.

Die Grenzen der Abtheilungen müssen deutlich erkennbar sein, sonst kommen später Zweifel, auch wieder besonders bei Beständen der I. Periode. Ob man kleine Hügel mit Stichgräben oder Oelfarben= anstrich zum Markiren der Grenze wählt, ist ziemlich gleichgültig; jedenfalls sollte die Bezeichnung nicht durch Schalme erfolgen, weil die angeschalmten Bäume leiden. Der Herausmessung der gebildeten Ab= theilungen, der Flächenberechnung (mit dem Polarplanimeter), und der Aufstellung der General = Vermessungs = Tabelle schließt sich die Aus= arbeitung der Altersklassentabelle an. Es ist dies eine Arbeit, welche die größte Sorgfalt und Gewissenhaftigkeit erfordert, da sie das beste Correctiv für die periodische Vertheilung der Bestände bildet. Der Borggreve'sche Ausdruck „ehrlich aufgestellte Altersklassentabelle" ist durchaus ernst zu nehmen. Um einen möglichst genauen Ueberblick über das Altersklassenverhältniß zu gewinnen, empfiehlt es sich, dieselbe nach 10= nicht 20jährigen Intervallen abzustufen.

Einen wesentlichen Einfluß haben die Zahlen der Altersklassen=

tabelle auf die Entscheidung der Frage, ob Blöcke gebildet werden sollen oder nicht. Im Staatswalde sind hierfür auch staatswirthschaftliche Gründe (z. B. Versorgung der Umgegend mit Holz) maßgebend, im Privatwalde kommt es nur darauf an, was für den Besitzer vortheilhafter ist. Große Reviere bedingen wohl eo ipso eine Blockeintheilung, bei kleineren bedarf es jedoch sehr sorgfältiger Erwägungen, bevor man sich zur Theilung entschließt. Jedenfalls darf damit keinerlei Opfer verbunden sein, weder durch Verzögerung noch durch Beschleunigung des Abtriebs der Bestände.¹) Am nächsten kann es liegen, eine Blockeintheilung vorzunehmen, wenn gewisse Theile des Reviers mit bedeutenden Servituten belastet oder verschiedene Umtriebe erwünscht sind, und im letzeren Falle das oben angeführte Mittel der Theilung in zwei Betriebsklassen nicht zur Anwendung kommen soll. Von geringerer Bedeutung ist es dagegen, ob jeder Schutzbezirk einen Block bildet oder nicht, es sei denn, daß das Revier sehr auseinander gerissen ist.

Meist lassen sich im Privatwalde die Grenzen der Schutzbezirke jederzeit leicht verändern, auch kann ein Beamter mit Durchforstungen u. s. w. so viel zu thun haben, daß für seine Beschäftigung vollauf gesorgt ist. Verschiedene Betriebsarten bedingen nicht nothwendig Blockeintheilung. Kleine Bruchparthien z. B. lassen sich leicht als Doppelnutzungsflächen in den Hochwald einrangiren. Sehr häufig wünscht der Besitzer gewisse Waldtheile — z. B. in der Nähe des Parks — plenterwaldartig behandelt zu sehen. Man fügt in diesem Falle die betreffende Fläche als durchgehende in den Betriebsplan ein, wirft aber ein entsprechendes, voraussichtlich während der ersten Periode eingehendes Holzquantum als Hauptnutzung aus. Im Durchschnitt ist es daher zweckmäßig, in kleineren Privatrevieren wenige oder gar keine Blöcke zu bilden. Die Blockeintheilung hat eigentlich doch nur

---

¹) Burckhardt sagt in seinen „Hülfstafeln für Forsttaxatoren." Hannover 1873 Heft 2 S. 115 „Die Altersabstufung der in einen Verband zu legenden Bestände kann für nachhaltigen Etat nicht ganz unberücksichtigt bleiben, obwohl bei durchgreifenden Regelungen die dauernde Zweckmäßigkeit von Einrichtungen entscheiden muß."

Für den Privatwald dürfte die stricte Durchführung dieses Grundsatzes nicht geeignet sein.

dann einen Sinn, wenn auch die Controle der Abnutzung blockweise erfolgt; das würde aber im Privatwalde viel zu viel Umstände verursachen.

Soll man mit reducirter Fläche rechnen oder nicht? Im Staatswalde hat man sich für die Reduction entschieden, im Privatwalde ist es für gewöhnlich besser, davon abzusehen. Die Reduction nach der Bodengüte ist einseitig, der Vollertragsfactor[1]) ist ebenso wesentlich und noch mehr der Geldwerth der Bestände.

Die Berechnung nach Werthmetern würde — richtige Grundlagen vorausgesetzt — im Staatswalde zweckmäßig sein, im Privatwalde führt sie zu weit, doch läßt sie sich mit Vortheil wenigstens andeuten, wie wir weiter unten sehen werden.

Außer der Unzulänglichkeit der Reduction nach der Bodengüte allein, läßt in der weitaus größten Zahl der Privatreviere das Altersklassenverhältniß davon absehen. Die jungen Bestände pflegen derartig zu überwiegen, daß die Dotirung der Perioden ganz unverhältnißmäßig ansteigen muß, für die Deckung der jüngeren also überreich gesorgt ist. Es kommt noch hinzu, daß im Privatwalde — der Ebene wenigstens, wo von den Einflüssen der Exposition keine Rede sein kann — die Bodenbeschaffenheit eine gleichmäßigere zu sein pflegt wie im Staatswalde, da der Wald mehr auf den absoluten Waldboden zurückgedrängt ist. —

Häufig kommt es vor, daß große zusammenhängende Schonungsflächen — meist aufgeforsteter Ackerboden — zum Revier gehören. Vielleicht werden diese Flächen später eine entsprechende Erhöhung der Abnutzung gestatten, vorläufig wäre es jedoch nicht gerechtfertigt, wegen ihres Vorhandenseins die erste Periode höher zu dotiren, da bei richtiger Würdigung der Altersklassentabelle doch eine Reduction der der letzteren überwiesenen Fläche eintreten müßte. Die Deckung, welche diese

---

[1]) Die Abstufungen des Vollertragsfactors von 0,1 zu 0,1 sind ungenau. 1,0 anzunehmen entschließt sich der Taxator schwer, ebenso schon 0,6 nach der anderen Seite hin; es bleiben also nur 0,7, 0,8, 0,9, welche nicht ausreichen, um die mannigfaltigen Abstufungen des Bestandsschlusses zu bezeichnen. Fast bei jedem Bestande kommen dem Taxator Zweifel, welche Zahl er wählen soll. Durch Einschaltung von je fünf Hundertsteln (also 0,60, 0,65, 0,70, 0,75 u. f. w.) wird schon viel gewonnen.

Schonungen selbst nur für die letzte Periode bilden, ist außerdem unter Umständen eine zweifelhafte. Sind es Eichen, so müßte der Umtrieb schon ein sehr hoher — wenigstens ein 140jähriger — sein, wenn sie wirklich mit Vortheil im ersten Umtrieb zur Nutzung kommen könnten; sind es Kiefern auf altem Ackerboden, so darf man sich durch den üppigen Jugendwuchs nicht täuschen lassen, das Absterben kommt bald nach. Der sicherste Weg ist es, derartige Schonungscomplexe im Betriebsplan nur als durchgehende Flächen zu behandeln, im Durch= forstungsplan dagegen voll zu berücksichtigen. Eine ähnliche Rolle spielen Blößen. Als Deckungen der jüngeren Perioden können sie nur dann aufgefaßt werden, wenn ihre Aufforstung und das Gelingen der= selben gesichert erscheint — was bei längerer Benutzung im Wald= feldbaubetriebe auf nicht sehr kräftigem Boden z. B. nicht der Fall ist. Der ermittelte procentuelle Antheil der Blößen an der Gesammt= fläche des Reviers bewirkt oft einen heilsamen Schrecken und damit Besserung der Wirthschaft!

Bei der Dotirung der ersten Periode mit bestimmten Flächen ist die Meinung des Besitzers von Fall zu Fall zu hören. Schon im Staatswalde wird kein Taxator in dieser Hinsicht disponiren, ohne die Ansicht des Revierverwalters einzuholen; viel nöthiger, ja absolut er= forderlich ist dieselbe Handlungsweise im Privatwalde. Was nützt es, diesen oder jenen Bestand der ersten Periode zu überweisen, wenn der Besitzer gar nicht daran denkt, ihn zu schlagen? Die Masse des Be= standes ist bei der Berechnung des Abnutzungssatzes mit einbegriffen, ohne daß sie thatsächlich eine Deckung bildet. Die Folge davon sind Defecte am Schluß der ersten Periode und Uebergriffe in jüngere Perioden.

Ob die erste Periode mit der ihr rechnungsmäßig zustehenden Fläche wirklich dotirt wird, hängt von den Verhältnissen ab, wird jedoch bei dem Ueberwiegen der jungen Bestände meist nicht der Fall sein. Maßgebend ist zunächst die summarische Größe derjenigen Bestände, welche innerhalb des Zeitraums der ersten Periode das Umtriebsalter erreichen oder überschreiten werden, demnach hiebsreif sind. Bevor entschieden wird, ob dieselben sämmtlich der ersten Periode zuzutheilen sind, ist zu ermitteln, wie hoch sich das durchschnittliche Abtriebsalter der Bestände der zweiten Periode stellt, damit dieser eventuell einer ober der andere der älteren noch zuwachsfrohen Bestände überwiesen werden kann. Auf die dritte und die folgenden Perioden kommt es weniger an, für dieselben ist in den meisten Fällen eine mehr wie aus= reichende Deckung vorhanden.

Außer den hiebsreifen kommen die hiebsnothwendigen Bestände in Betracht. Im Staatswalde würde man dieselben möglichst sämmtlich in der ersten Periode zum Abtrieb bringen, im Privatwalde ist dasselbe Verfahren beim Vorhandensein vieler solcher Bestände nur dann ange= messen, wenn der Besitzer es ausdrücklich wünscht, sonst empfiehlt sich eine Vertheilung auf wenigstens zwei Perioden, um den Abnutzungs= satz nicht zu sehr herunterzudrücken. Letzteres ist ebenso gefährlich wie eine zu hohe Abnutzung, da der Besitzer bei dem ihm zu gering er= scheinenden Einschlage doch nicht stehen bleibt.

Bei manchen ungleichartigen Beständen, welche man im Ganzen weder bald zum Abtrieb bringen, noch auch halten möchte, kann man sich dadurch helfen, daß man, ohne Abtheilungen zu bilden, die besseren Theile zwar einer jüngeren Periode überweist, die schlechteren dagegen zur ersten Periode zieht und dementsprechend Flächen und Massen ge= trennt auswirft. Die Grenzen sind im Gelände kenntlich zu machen.

Einige Schwierigkeiten macht die Unterbringung der Nachhiebs= reste d. h. der gerade in der Verjüngung begriffenen Altbestände (bei natürlicher Verjüngung oder Schirmschlagwirthschaft). Verfasser hat das von Kraft empfohlene Verfahren bei der Ausführung von Ab= schätzungen zur Anwendung gebracht, d. h. Schätzung der noch vor= handenen Massen nach Zehnteln des Vollbestandes und Ueberweisung eines aliquoten Theils der Fläche und der ganzen Masse an die erste Periode; der Rest der Fläche wird für eine jüngere — fast immer wohl die jüngste — Periode bestimmt. Es wird sich nicht vermeiden lassen, daß gegen das Ende der ersten Periode wiederum in der Ver= jüngung befindliche — also nicht völlig geräumte — Bestände vor= handen sind, ebenso müssen auch bereits Bestände der zweiten Periode in Angriff genommen sein.[1]) Der Taxator hat, um künftigen Zweifeln des Besitzers zu begegnen, ausdrücklich hierauf hinzuweisen.

---

[1]) Die Erträge dieser Vorgriffe sind selbstverständlich unter „Hauptnutzung“ zu buchen!

Bleibt die Flächensumme der hiebsreifen und hiebsnothwendigen
Bestände, welche in der ersten Periode zum Abtrieb gelangen sollen,
sehr erheblich hinter der ihr rechnungsmäßig zustehenden Fläche zurück,
sind außerdem viele durchgehende Flächen angenommen, so kann es ge=
rechtfertigt sein, den Abnutzungssatz zu erhöhen. Die Altersklassentabelle
bietet hierzu ein geeignetes Mittel, indem man unter Zugrundelegung
des auf S. 170 des von Hagen=Donner'schen Werkes angegebenen
Verfahrens auch für die jüngeren Perioden die Derbholz=Abtriebs=
massen nach Ertragstafeln berechnet und somit den durchschnittlichen
Abnutzungssatz auf Grund des Massenfachwerks ermittelt. Es ist dies
eine verhältnißmäßig sehr geringfügige Arbeit, um so geringfügiger, je
gleichmäßiger die Bodenbonitäten sind.

Hätte sich beispielsweise nach dem combinirten Fachwerk ein Ab=
nutzungssatz von im Ganzen 20000 fm für die erste Periode ergeben,
nach dem Massenfachwerk ein durchschnittlich periodischer von 30000 fm,
so würde wahrscheinlich ohne Gefahr für die Nachhaltigkeit noch etwa
die Hälfte der Differenz der ersten Periode überwiesen werden können
— vorausgesetzt jedoch, daß man den zahlenmäßigen Beweis
hat, daß die Erträge der zweiten Periode trotz der na=
türlichen Schmälerung noch etwas ansteigend sein werden.
Am zweckmäßigsten ist es, eine diesem Plus (im Beispiel 5000 fm)
entsprechende Anzahl von Beständen auszusuchen, dieselben zwar auf
jüngere Perioden zu vertheilen, jedoch in der einleitenden Verhandlung
auszuführen, daß es zwar besser wäre, diese Bestände zu halten, daß
sie jedoch im Falle der Noth oder bei ganz besonders günstiger Lage
des Markts in der ersten Periode genützt werden dürften. Um so zu=
treffender erscheint dies, wenn die betreffenden Bestände für eine baldige
natürliche Verjüngung geeignet sind, beispielsweise also bei schon vor=
handenen guten Vorwuchshorsten in gemischten Fichten= und Tannen=
beständen.

Die größere Freiheit, welche eine solche Maßregel gewährt, ist
für den Privatwald durchaus nöthig und wirkt wohlthätiger als eine
zu straff angezogene Fessel. Man möge nicht vergessen, daß es bei der
augenblicklichen Lage der Waldschutzgesetzgebung noch ganz von dem
freien Willen eines Waldbesitzers abhängt, ob er seinen Wald taxiren
lassen, ob er nach dem Abschätzungswerk wirthschaften will oder nicht.

Im Gemeindewalde liegt die Sache ganz anders, hier muß ein Zwang ausgeübt werden, um den passiven Widerstand zu brechen, im Privatwalde soll das Abschätzungswerk zur ordnungsmäßigen Wirthschaft nur anleiten; der Zwang, den es ausübt, ist lediglich ein moralischer.

Bevor die Bestände der ersten Periode definitiv ausgewählt werden, ist es erforderlich die Hiebszüge festzustellen, um in Rücksicht auf eine geordnete Hiebsfolge eventuell noch Verschiebungen vornehmen zu können. Man darf jedoch hierbei nicht zu ängstlich sein und die individuelle Beschaffenheit des Bestandes für unwichtiger halten wie seine zufällige Lage. Die forcirte Zerreißung der Altersklassen, das gewaltsame Zusammenpressen der Abtheilungen einer Wirthschaftsfigur in den Rahmen derselben Periode oder benachbarter, überhaupt die Unterordnung der ganzen Wirthschaft unter den unklar vorschwebenden Begriff des Normalwaldes, — dem ja, um ganz normal zu sein und zu bleiben, auch die Calamitäten fehlen müßten — also etwas erst nach sehr langer Zeit Eintretendes, führt allemal zu Opfern, welche durch die Vermeidung möglicherweise drohender Gefahren nicht genügend ausgeglichen werden. Der Staatsforstwirth muß einen anderen Standpunkt einnehmen; vom Privatwaldbesitzer kann man aber nicht dasselbe verlangen. Für den Sohn, auch den Enkel noch .hat er das regste Interesse, für die folgenden Generationen nimmt dasselbe ab, mag auch sonst der Familiensinn noch so rege sein.

Gegen den Wind muß man sich schützen, das versteht sich, weniger im kurzschäftigen Kiefernrevier des Sandbodens, mehr auf den kräftigen Standorten der Ebene, am meisten im Fichtenwalde des Gebirges, aber Loshiebe, Sicherheitsstreifen, Windmäntel an richtiger Stelle vorgesehen und angebracht, leisten mit geringen Verlusten oft schon ausreichende Dienste. Damit soll nicht etwa gesagt werden, daß eine gute Hiebsleitung nicht erstrebenswerth erscheint. Ganz gewiß nicht! Der Taxator soll nur doppelt und dreifach überlegen, bevor er Bestimmungen trifft, ob ein großes Opfer voll gerechtfertigt ist und noch mehr, ob dasselbe auch wirklich gebracht werden wird!

Die Waldzustandsregelung ist sicherlich nicht minder wichtig wie die Waldertragsregelung; aber bei der Schwerfälligkeit der Waldwirthschaft, den meist nichts weniger wie normalen Zuständen des Privatwaldes, ist ein Umtrieb fast immer zu kurz, um den Normalwald herzustellen.

An den Fall darf man nicht ein Mal denken, daß unsere Nachkommen unter „Normalwald" möglicherweise etwas ganz Anderes verstehen müssen wie wir, weil sich die allgemeine Lage verändert hat. — Nimmt man den Wald, wie er sein könnte, nicht wie er ist, so verfällt man leicht in einseitige Schablonenwirthschaft.

Welcher Methode sich der Taxator bei der Massenermittelung bedienen will, muß ihm überlassen bleiben. Hat er den practischen, durch Erfahrung geschärften Blick, so mag er immerhin Ocularschätzung anwenden; wie er es jedoch anfangen mag, jedenfalls muß er bestrebt sein, möglichst nahe an die Wirklichkeit heranzukommen, da Abnutzungs= satz, Etat und sein eigenes Renommé davon abhängen.

Auf richtige Zuwachsermittelung wurde früher (z. B. auch von Maron[1])) ziemlich geringes Gewicht gelegt, jedoch sehr mit Unrecht und zwar namentlich im Privatwalde, dessen Bestände der ersten Periode jünger und daher — nach Procenten der Masse gerechnet — zuwachs= reicher sind wie im Staatswalde. Die Differenzen zwischen dem Soll der Schätzung und dem Ist des Einschlags werden aus letzterem Grunde schon so wie so erheblich sein, da man gezwungen ist, den Durchschnitt zu nehmen, d. h. bei jedem Bestande der ersten Periode den zehnjährigen Zuwachs hinzu zu rechnen; ob also ein solcher Bestand im ersten oder zwanzigsten Jahre der ersten Periode zum Abtrieb kommt, macht einen großen Unterschied; die Differenz wird aber noch erheblicher, wenn der Taxator seiner Zeit mit unrichtigen Zuwachsprocenten operirte.

Es wurde vorher angedeutet, daß der Werthmeter auch im Privat= walde eine gewisse Berechtigung habe. Naturgemäß setzt sich das periodische Abnutzungssoll aus hiebsreifen und hiebsnothwendigen Be= ständen zusammen, deren Werth ein sehr verschiedener ist. Um die nachtheiligen Wirkungen hiervon auszugleichen, ist es zweckmäßig, in einer besonderen Nachweisung die Holzmassen (Derbholz) der ersten Periode getrennt nach jenen Rücksichten zusammenzustellen. So läßt sich ermitteln, wie viel fm von jeder Kategorie durchschnittlich jährlich zu schlagen sind. Um sich darüber beständig auf dem Laufenden zu erhalten, ist es nöthig, auch die Controle getrennt zu führen. Der Geldwerth der

---

[1]) „Die Privatforstwirthschaft im kurzen Umtriebe mit hohem Geldertrage." Breslau 1848 S. 55.

Hauptnutzung läßt sich behufs Aufstellung des Etats durch diese Trennung ebenfalls genauer feststellen.

Die Vornutzung (Derbholz) ist theils gutachtlich, theils durch Berechnung nach den Zahlen des vom Taxator aufzustellenden Durchforstungsplans [1]) in Verbindung mit Vorertragstafeln — am besten sind solche, die sich aus localen Durchforstungserträgen berechnen lassen — festzustellen.

Es könnte in Frage kommen, Haupt= und Vornutzung überhaupt nicht zu trennen. Das würde jedoch wahrscheinlich zu dem direct entgegengesetzten Resultat führen wie im Staatswalde, wo seiner Zeit ebenfalls nicht getrennt und dabei die Vornutzung stets viel zu niedrig veranschlagt wurde. Bei den vielen jüngeren Beständen der Privatwaldungen muß der Taxator auf energischen Durchforstungsbetrieb bringen, und wird in der Voraussetzung, daß dem Folge geleistet wird, zu einem hohen Abnutzungssatz in der Vornutzung gelangen. Wird nun aber dem Durchforstungsbetrieb nicht die erforderliche Aufmerksamkeit geschenkt, so wird der Ausfall in den Erträgen natürlich durch verstärkten Einschlag in der Hauptnutzung ausgeglichen. So kann es dazu kommen, daß gegen das Ende der ersten Periode eine Hauptnutzung überhaupt nicht mehr zur Verfügung steht. Sicherer geht man also entschieden durch eine Trennung, indem gleichzeitig darauf hingewiesen wird, daß alle zweifelhaften Nutzungen stets zur Hauptnutzung zu rechnen sind — abgesehen jedoch von jenen Beständen, welche nur bedingungsweise in der ersten Periode zum Hiebe kommen sollen und daher außerhalb der Controle stehen.

Die muthmaßlichen Stockholzerträge lassen sich meist nach früheren Procentsätzen vom Derbholz leicht veranschlagen; schwieriger ist das bei dem Reisig. Das Reisig der Schläge läßt sich zwar auf dieselbe Weise wie das Stockholz ermitteln, beim Durchforstungsreisig fehlen jedoch gewöhnlich die Vorerträge und ist man daher mehr oder minder auf gutachtliche Schätzung angewiesen. Man schätze in dieser Beziehung lieber niedrig; in dem Maße wie erforderlich, werden die Durchforstungen und noch weniger die Läuterungen doch nicht ausgeführt.

Im Grunde kommt es auf die richtige Schätzung des Reisigs

---

[1]) Vergl. Abschnitt „Waldbau.“

wenig an. Dasselbe zu werben kostet meist nicht viel weniger, wie es einbringt und hat der Gelderlös mithin auf die Netto=Gelbrente keinen großen Einfluß, außer wenn etwa Gelegenheit ist, Faschinen los zu werden.

Natural= und Gelbetat lassen sich vereinigen. Zur Aufstellung des ersteren ist eine Trennung des Derbholz=Einschlags nach Sorti= menten nöthig. Der Taxator wird sich zunächst an die Durchschnitts= zahlen der bisherigen Wirthschaft halten müssen, darf jedoch die Ge= legenheit nicht versäumen, auf eine möglichst umfangreiche Erhöhung des Nutzholzprocents hinzuarbeiten, indem er in der Einleitungs=Ver= handlung recht ausführlich die Gründe beleuchtet, welche bisher etwa die Nutzholzausbeute beeinträchtigt haben, und Mittel und Wege an= giebt, wie sie gefördert werden kann.

Für den Gelbetat sind die Grundlagen — besonders der generelle Culturplan — zu beschaffen. Es muß nach Möglichkeit vermieden werden, Sachen hineinzubringen, die nicht hineingehören, z. B. Pacht für im oder am Walde gelegene Ländereien; das Bild des Verhältnisses zwischen Einnahme und Ausgabe wird sonst ein verzerrtes.

Daß nach zehn Jahren eine Taxationsrevision eintreten wird, ist in den wenigsten Fällen anzunehmen, da die Waldbesitzer eine gewisse Abneigung gegen taxatorische Beunruhigungen des Reviers und des Betriebs zu hegen pflegen. Es muß dies für den Taxator ein Sporn sein, die Arbeit recht sorgfältig auszuführen, damit dieselbe für einen Zeitraum von 20 Jahren ausreicht und nicht „der Wirthschafter nach 6 bis 10 Jahren ohne Rechnung, bloß bei der Betrachtung seines Waldes zu der Ueberzeugung kommt, daß der mit großen Kosten ent= wickelte Abnutzungssatz viel zu hoch oder viel zu niedrig sei, daß er seinen Verjüngungen nicht rechtzeitig helfen kann, oder nicht weiß, wo er seinen Abnutzungssatz decken soll" (Ney).

Ist es unbedingt nothwendig, daß der Besitzer des freien Privat= waldes sich streng an den berechneten jährlichen Abnutzungssatz hält, gefährdet er durch ein Abweichen die Nachhaltigkeit? Wohl kaum. Der Abnutzungssatz soll ihm nur als Richtschnur dienen, wieviel er durchschnittlich jährlich schlagen darf, es wäre dagegen unbillig, eine stets gleiche Jahresnutzung zu verlangen, unbekümmert um Conjuncturen und waldbauliche Bedürfnisse. Soviel ist jedoch erforderlich, daß der

Waldbesitzer sich jederzeit Rechenschaft zu geben vermag, wie er steht; möglich ist dies aber nur an der Hand des sorgfältig geführten Controlbuchs. Ein verständiger Wirth darf den Ausgleich für die etwaigen Mehreinschläge nicht bis an das Ende der Periode verschieben, wo er eventuell vor dem Nichts steht, sondern sich gewisse Zeiträume — etwa fünf Jahre — setzen, innerhalb deren er wieder klar sein muß. Mit dem Nachholen der Mindereinschläge hat es weniger Eile. Das Controlbuch ist als ständiger Mahner das wichtigste Buch im Betrieb der Privatwaldwirthschaft; es ist nach den von den Beamten zu führenden Tabellen jedes Jahr abzuschließen; die Verrechnung des Mehr= oder Minder=Einschlags gegen die Schätzung findet zweckmäßig jährlich statt.

Was die anderweitige Buchführung anbetrifft, so läßt sich eine bestimmte Vorschrift nicht geben, da man nothwendig nach Möglichkeit an die vorhandene anzuschließen hat. Rechnungen werden jedenfalls zu legen sein, und zwar die Werbungskostenrechnung für die Holz= einnahme, die Naturalrechnung für die Holzausgabe und die Cultur= rechnung. Ob dafür dieselbe Form gewählt wird wie im Staats= walde, das muß von Fall zu Fall der Entscheidung anheim gestellt werden. Häufig wird der Forstbeamte diese Rechnungen nicht allein legen können, sondern muß sie mit dem Rentbeamten gemeinsam ausarbeiten. Die Monatsabschlüsse, welche auf den meisten großen Gütern eingeführt sind, werden ebenfalls beizubehalten und in die anderе Buchführung einzupassen sein.

Die Führung eines Taxations=Notizenbuchs (Revier=Chronik) kann nur empfohlen werden; um jederzeit in inniger Berührung mit der Wirthschaft zu bleiben, besorgt bei nicht zu großen Forsten der Besitzer dies am besten selbst. Es wächst damit seine Freude an der Ordnung, das Interesse für den Wald, so daß ihm die geringe Mühe hundert= fachen Gewinn bringt.

Die bei der complicirten Buchführung im Staatsforstbetriebe noth= wendige Trennung des Rechnungs= und Wirthschaftsjahres wird sich im Privatwalde selten durchführen lassen. Der 1. Juli, mit welchem die landwirthschaftliche Buchführung abschließt, bildet auch für die Waldwirth= schaft einen ganz passenden Abschlußtermin. Etwa vorhandene Restbestände an Holz wird der Besitzer am zweckmäßigsten selbst abnehmen.

Keinesfalls darf der Taxator das Revier verlassen, bevor die Frage der Buchführung vollständig geordnet, und der Rentbeamte, auf den es hauptsächlich ankommt, genau informirt ist. Der ganze Erfolg der Abschätzung kann sonst an diesem verhältnißmäßig leicht zu beseitigenden Hinderniß scheitern.

2. Der Waldbau.

Der Waldbau befaßt sich mit der Begründung und Erziehung der Wälder. Dem ersteren Theil dieser Aufgabe pflegt in Privatwaldungen mit vorherrschendem Kahlschlagbetrieb eine anerkennenswerthe Sorgfalt gewidmet zu werden; die Naturverjüngungen lassen schon mehr zur wünschen übrig, und was den letzteren Theil, die Erziehung, anbetrifft, so geschieht für dieselbe meist viel zu wenig.

Welche Betriebsart für den Privatwald die vortheilhafteste ist, wird in den meisten Fällen nicht zweifelhaft sein können. Es sind namentlich vier Factoren, welche bestimmend auf die Wahl derselben einwirken. Der Boden, die unter allen Umständen anzustrebende, möglichst intensive Nutzholzwirthschaft, die Ordnung und Uebersichtlichkeit des Betriebs und endlich die Leistungsfähigkeit der Beamten.

Der Boden des Privatwaldes ist im großen Durchschnitt ein schlechterer wie der des Staatswaldes, einerseits weil die Landwirthschaft ihm allmählich die besseren Parthien entzog, anderseits weil er häufig durch unsachgemäße Behandlung in seinem Ertragsvermögen zurückgegangen ist. Im innigsten Zusammenhang hiermit steht das nachweisbare Zurückweichen der anspruchsvolleren Laubhölzer, die weitere Ausbreitung der bescheideneren Nadelhölzer.[1] Die Bodenverhältnisse

---

[1] Vergl. Dr. Adam Schwappach: „Handbuch der Forst- und Jagdgeschichte Deutschlands," S. 34 „Besonders interessant erscheint der Umstand, daß in Ländern, in welchen Nadelholz gegenwärtig weitaus überwiegt, doch in den Ortsnamen das Laubholz vorherrscht; so kommen im Königreich Sachsen neben 22 Ortsnamen mit Tanne und Fichte deren 93 mit Laubholzbäumen vor, nach dem Landbuch der Mark Brandenburg (L. d. M. B. in der Mitte des 19. Jahrhunderts von Berghaus 1854—56) kennt man dort 139 Orte, bei denen Laubholznamen vorkommen, und nur vier mit „Tanne" zusammengesetzte." (Die Beweiskraft der Namen für das Vorwiegen des Laubholzes in früheren Zeiten ist allerdings nicht

bedingen mithin vielfach den Anbau bestimmter Holzarten, welche eine beliebige Wahl der Betriebsart nicht zulassen. Es sind dies eben die Nadelhölzer, besonders die genügsame Kiefer, welche bei Bestands=wirthschaft nur im Hochwaldbetriebe bewirthschaftet werden können.

Die Brennholzwirthschaft als Selbstzweck muß in Deutschland als Kohlen producirendem Lande für alle Zeiten als überwundener Standpunkt angesehen werden. Nur im Nutzholzwalde ist eine zeit=gemäße Wirthschaft denkbar. Daß der Hochwaldbetrieb für die Nutz=holzerzeugung der geeignetste ist, dürfte keinem Zweifel unterliegen.

Das Streben nach Ordnung weist ebenfalls auf diese Betriebs=form hin, welche eine Einrichtung am besten ermöglicht.

Zwar nicht immer, doch vorwiegend ist die Bewirthschaftung des Hochwaldes eine verhältnißmäßig einfache, daher besonders da am Platz, wo besonders geschulte Beamte nicht gehalten werden können.

In kleineren Privatwaldungen, welche die Bewirthschaftung als Hochwald im jährlichen Betriebe nicht zulassen, würde die Ueber=führung in den Mittelwald dies ermöglichen. Es steht dem jedoch entgegen, daß diese Betriebsart auf guten Boden angewiesen, und die Handhabung der Wirthschaft nach einem Betriebsplan eine sehr schwierige und subtile ist. Die Besitzer so kleiner Waldungen haben

---

unanfechtbar. Vielleicht hat im Gegentheil. gerade die Seltenheit des Vorkommens desselben die örtliche Benennung veranlaßt! Der Verfasser.) und weiter S. 35 „Die oben angeführten Quellen lassen zugleich auch ersehen, daß das Verhältniß, in welchem sich die einzelnen Holzarten damals an der Bestandsbildung betheiligten, ein wesentlich anderes gewesen ist als später; insbesondere waren Laubhölzer und namentlich Eichen weit verbreiteter, als dies in jüngsten Zeiträumen der Fall ist. Das Zurückweichen der Eiche und Buche vor den Nadelhölzern gehört einer späteren Zeit an und ist historisch nachweisbar.“

Die Hauptschuld an der Verschiebung des Verhältnisses der Holzarten zu einander trägt doch wohl die Concurrenz der Landwirthschaft, welche zuerst den mit anspruchsvollen Laubhölzern bestockten Boden occupirte. Der Rückgang der Boden=kraft, insbesondere der Bodenfeuchtigkeit kam erst in zweiter Reihe.

Das Verhältniß zwischen Laubholz und Nadelholz stellte sich nach den „Bei=trägen zur Forststatistik des Deutschen Reichs“ im Augustheft 1884 der „Monatshefte zur Statistik des Deutschen Reichs“ 1883 in Preußen:

Laubholz 2744824   ha = 33,7 %
Nadelholz 5401335,7 „ = 66,3 %
Summa 8146159,7 ha.

aber die wenigste Veranlaffung, wiffenschaftlich und practisch besonders durchgebildete Beamte anzustellen. Hecke[1]) betont deßwegen mit Recht, daß der Mittelwald im Ganzen für den Privatwald vielmehr empfohlen wird, als er in Wirklichkeit so häufig, insbesondere befriedigend vorkommt.

Eine etwas größere Bedeutung hat im Privatwalde der Plenterbetrieb.[2]) Die Anforderungen an den Boden sind allerdings dieselben wie beim Mittelwalde, auch ist die Behandlung eine schwierige. Wiefe's Ausspruch, „daß die Plenterwirthschaft das Aushängeschild der extensiven Wirthschaftsführung ist" trifft für den geregelten Plenterbetrieb keineswegs zu! Seine Anwendung im Privatwalde ist gerechtfertigt, wo es sich um die Bewirthschaftung von steilen Hängen und Hochlagen oder kleinen Waldparcellen handelt. Es werden ferner decorative Zwecke besonders bei denjenigen Waldparthien zu dieser Betriebsform führen können, welche in der Nähe des Wohnhauses des Besitzers liegen.[3])

Die Gefahr beim Mittelwald wie Plenterbetriebe liegt darin, daß bei der schweren Controlirbarkeit der Nachhaltigkeit und ordnungsmäßigen Wirthschaft leicht eine regellose, Boden und Bestand ruinirende Nutzung einreißt.

Der reine BrennholzNiederwald ist unter heutigen Verhältnissen nur noch dann zu vertheidigen, wenn die Bodenverhältnisse eine andere Betriebsart nicht zulassen, also etwa auf saurem Bruchboden, wo die Erle ein kümmerliches Dasein fristet. Recht zweifelhaft erscheint es dagegen, ob es vortheilhaft ist, in waldarmen Gegenden zur Befriedigung des Brennbedarfs ständiger Gutsarbeiter, auch für den eigenen Bedarf, die Wirthschaft auf Brennholz im Niederwalde weiter zu be

---

[1]) „Die Forstwirthschaftslehre für Landwirthe." Wien 1858 S. 46.

[2]) Für die preußischen Ostprovinzen trifft es jedoch kaum zu, „daß bei dem kleinen und mittleren mit landwirthschaftlichem Besitz verbundenen Privatwald der Plenterbetrieb ausgedehnte Anwendung findet." Vergl. Schönberg „Handbuch der politischen Oeconomie" Bd. II. S. 315.

[3]) von Salisch (a. a. O. S. 97) sagt allerdings: „Ein Mittelding zwischen Park und Forst ist — weil ein Widerspruch in sich — nicht existenzberechtigt" und kurz vorher „Noch viel mehr werden wir uns davor hüten müssen, daß wir ja nicht Dispositionen treffen, in Folge deren unsere Forst als schlecht gehaltener Park verdächtigt werden könne."

treiben. Es wird wohl meist vortheilhafter sein, die betreffende Fläche für die Nutzholzzucht zu bestimmen, das nöthige Brennmaterial aber durch Anpflanzung von Kopfholzweiden an Wegen und Bruchrändern zu beschaffen. Die Sucht, das Brennholz zum Selbstgebrauch im eigenen Walde zu gewinnen, führt auch beim Hochwaldbetrieb sehr häufig zu der allerschlechtesten Behandlung. Wer kennt nicht solche völlig ruinirten Schonungen, in denen das Brennreisig nicht durch Läuterung, sondern durch ungeschicktes, splittriges Aesten gewonnen wird. Die überaus einfache Wirthschaft im Brennholzniederwalde hat eben wegen dieser Einfachheit etwas Bestechendes; dies führt aber auch zu dem Irrthum, daß nur der Hieb nöthig sei, für ausreichende Nach=zucht aber die Natur ganz allein sorge.

Der arbeitsintensive Eichenschälwaldbetrieb erscheint an und für sich für die Privatwaldwirthschaft sehr geeignet; leider hat er jedoch seine Blüthezeit hinter sich. Die steigende Einfuhr von Surrogaten und Extracten, sowie die weitere Ausbildung der Mineralgerbung haben ihm die Lebensader durchschnitten. Die immer tiefer sinkenden Preise auf den großen Rindenmärkten im Südwesten Deutschlands be=weisen diesen Rückgang unwiderleglich. Es kommt noch hinzu, daß der Eichenschälwald eine große Wärmesumme verlangt, mithin im Nord=osten Deutschlands mit größeren Schwierigkeiten zu kämpfen hat. [1])

Trotzdem ist der Eichenschälwald noch immer eine Betriebsart, welche nicht gleich aufgegeben zu werden braucht, wo sie ein Mal existirt, nur ist bei der Umwandlung von Hochwald in Schälwald die größte Vorsicht geboten.

Für keine Betriebsart ist in so widerwärtiger Weise von Nicht=

---

[1]) Nach den „Beiträgen zur Forststatistik des Deutschen Reichs" sind in Preußen vorhanden 316746,2 ha Eichenschälwald = 3,9 % der Gesammtwaldfläche oder 11,5 % der Laubholzfläche. Den Löwenantheil hieran haben

Rheinland	mit 191831,6 ha = 23,1 %	der Waldfläche der Provinz				
Westfalen	» 59594,3 » = 10,5 %	»	»	»	»	
Hessen=Nassau	» 32039,1 » = 5,1 %	»	»	»	»	

Summa 283465 ha.

Die östlichen Provinzen haben nur wenig Schälwald, am meisten noch Schlesien mit 16824,5 ha = 1,4 % der Gesammtwaldfläche der Provinz. Brandenburg hat nur 952,7 ha, was dem tausendsten Theil der Waldfläche dieser Provinz annähernd entspricht.

Fachleuten Reclame gemacht worden, wie für diese. Mancher Wald=
besitzer hat sich hierdurch und durch das Vorkommen der Eiche in
seinem Revier verführen lassen, seinen guten Hochwald einem Phantom
zu opfern. Seines Schadens wurde er erst inne, wenn das ursprüng=
liche Capital — die Hochwaldbestände — fort war und die erhofften
großen Einnahmen aus dem vermoosten und verkümmerten Schälwalde
ausblieben.¹) Vielleicht hat übrigens der Eichen=Niederwald local doch
noch eine Zukunft, wenn es nämlich gelingt, gewisse Eichen = Seiden=
spinner=Arten bei uns einzubürgern. Ein Herr Buchwald, der sich mit
der Sache in sehr anerkennenswerther Weise beschäftigt hat, hielt ge=
legentlich der Versammlung des Schlesischen Forstvereins in Brieg 1888
einen interessanten Vortrag darüber.

Die Weidenwirthschaft — ein Zwitterding zwischen Land= und
Forstwirthschaft — wirft sehr hohe Erträge ab, jedoch nur bei günstigen
Bodenverhältnissen, bei fortgesetzter sehr sorgfältiger Pflege und bei ge=
sichertem Absatz, der in der Neuzeit zu stocken beginnt. Insbesondere
lasse man sich durch die Genügsamkeit der caspischen Weide nicht dazu
verführen, auf großen Flächen armen Bodens ausgedehnte Weidenheger
anzulegen. —

Der ungünstige Zustand, in dem sich viele Privatforsten be=
finden, verbunden mit dem ernsten Willen, bessere Verhältnisse herbei=
zuführen, erzeugt den natürlichen Wunsch, erfreulichere Bestandsbilder
schneller herbeizuzaubern, als es die schwerfällige Waldwirthschaft erlaubt.
Hierauf darf wohl der Hang zum waldbaulichen Experimentiren zurück=
geführt werden, dessen Spuren man im Privatwalde so häufig antrifft.
Die zu Grunde liegende Idee ist zwar eine löbliche, aber zwischen
rationellem, d. h. vorsichtigem Zunutzemachen solcher Verbesserungen,
welche sich anderswo unter gleichen Verhältnissen unzweifelhaft
bewährt haben, und kostspieligem Umhertasten ist doch ein großer Unter=
schied. Durch dergleichen Experimente hat sich bekanntlich mancher
Landwirth ruinirt, im Walde steht es noch schlimmer, weil die Folgen
waldbaulicher Fehler sich gewöhnlich erst nach Jahrzehnten herausstellen.

----

¹) Ein neuerdings erschienener „Leitfaden für den forstlichen Unterricht an
landwirthschaftlichen Schulen ꝛc." Hannover 1888 vom Forstassessor Kottmeyer be=
spricht den Schälwald sehr ausführlich (¹/₅ des ganzen Buchs).

Zum Anſtellen von Verſuchen iſt der Privatwald nicht geeignet,
der Staat leiſtet in ſeinen Forſten ungleich mehr darin. Er allein iſt
in der Lage, unabhängig von der Perſon lange Zeit hindurch Be=
obachtungen anzuſtellen. Sein großer Waldbeſitz in den entfernteſten
Theilen der Monarchie geſtattet ihm viel mehr Vergleiche, er verfügt über
größere Mittel und über eine große Anzahl von gehörig vorgebildeten
Beamten; er kann ſich demnach ein beſſeres Urtheil über Erfolg oder
Mißerfolg einer wirthſchaftlichen Maßregel bilden. Das forſtliche Ver=
ſuchsweſen ſteht in hoher Blüthe; für den Staatswald allein ſoll es aber
gewiß nicht ſeine Früchte zeitigen; dann wäre der Staat nur Fiscus,
hätte keine höheren Aufgaben. Dem Waldbeſitzer wird mithin die
beſte Gelegenheit geboten, auf ſorgfältigſten Unterſuchungen beruhende
Erfahrungen ſich zu eigen zu machen, ohne daß er in den eigenen
Geldbeutel zu greifen und dabei noch das Riſico einer verfehlten Spe=
culation auf ſich zu nehmen braucht.

Es würde demnach beiſpielsweiſe nicht richtig ſein, wenn ein
Waldbeſitzer jetzt ſchon auf großen Flächen Wagener'ſchen Lichtwuchs=
betrieb oder Borggreve'ſche Plenterdurchforſtung[1]) zur Anwendung
bringen wollte.

Innig verbunden mit dem Experimentiren iſt das Pouſſiren der
Waldgärtnerei, ſei es nun in dem ängſtlichen Innehalten der ſtarren
Form bei Miſchculturen, ohne Rückſicht auf die ſchnell wechſelnden
Bodenverhältniſſe, oder ſei es in weitgehendem Schneideln und Aeſten,
oder ſonſtwie. Der Privatwald iſt gewiß die geborene Stätte der
Arbeit im Kleinen, man darf aber nicht glauben, daß dieſelbe ungeſtraft
in Spielerei ausarten darf.

Was das Aeſten anbetrifft, ſo ſind die Anſichten darüber noch
recht getheilt, die Mehrzahl der competenten Beurtheiler hat ſich jedoch
gegen die Grünäſtung entſchieden. Die Trockenäſtung mag nicht direct
ſchädlich ſein, iſt aber jedenfalls theuer. Dichter, doch nicht übermäßiger
Schluß von Jugend auf leiſtet bei den meiſten Holzarten in der Aus=
formung des Nutzholzſtamms mehr wie ein gewaltſamer Eingriff in
das Leben des Baumes. Eine Ausnahme würde der Fall bilden, wo
es ſich um den Schutz eines werthvollen Unterſtandes gegen vor=

---

[1]) Ich bitte um Entſchuldigung, daß ich Beide in einem Athem nenne!

wüchſige Unterdrücker handelt, deren gänzliche Fortnahme vorläufig noch nicht angezeigt erſcheint. In dieſem Falle hat die Aeſtung aber auch eine ganz andere Bedeutung.

Sehr ſchädlich iſt das rohe Abhauen ſtarker Aeſte von Randbäumen, um dem benachbarten Felde mehr — und zwar doch nur recht wenig — Licht zu verſchaffen. Hier ſtehen Vortheil und Nachtheil in keinem Verhältniß zu einander.

Ganz beſonders äußert ſich der Wunſch, recht bald beſſere Waldzuſtände herbeizuführen, in der Wahl der Holzart, leider aber häufig nicht zum Beſten des Waldes. Mit ausländiſchen Holzgewächſen werden in Privatwaldungen Verſuche nur in geringer Ausdehnung angeſtellt, da ziemlich bedeutende Koſten damit verbunden ſind; um ſo größere Fehlgriffe werden bei dem Anbau deutſcher Holzarten auf nicht geeigneten Standorten gemacht. Es ſind namentlich drei Holzarten, welche hierbei in Betracht kommen und zwar die Eiche, die Fichte und die Lärche.

Die Eiche iſt für den kleineren Privatwald im Hochwaldbetriebe bewirthſchaftet im Allgemeinen kein geeigneter Baum. Abgeſehen davon, daß ſie wie kaum eine andere Holzart eine fortdauernde, ſorgſame, ſehr in das Kleine gehende Pflege verlangt, um zu gedeihen, tritt ihre eigentliche Nutzbarkeit erſt ſo ſpät ein, daß der Beſitzer eines kleinen Privatwaldes es nicht abwarten kann und will, bis dieſer Zeitpunkt herangekommen iſt. Am erſten paßt ſie noch in den Buchenhochwald, weil in dieſem auch der Buche wegen im hohen Umtriebe gewirthſchaftet werden muß — oder wenigſtens müßte.

Anders liegt die Sache im überwiegend mit Nadelholz beſtockten Kahlſchlagwalde. Hier zwingen den Beſitzer nicht immer waldbauliche Gründe, ſich hoher Umtriebe zu bedienen. Wählt er den 80jährigen,[1] ſo paſſen die reinen Eichenbeſtände in denſelben nicht hinein, ſchmälern alſo entweder die jährliche Rente — weil ſie als durchgehende Flächen behandelt werden müſſen — oder werden zu früh geopfert. Noch ausgeprägter kann dieſes Dilemma bei ſtreifenweiſer Miſchung von Eiche und Kiefer eintreten. Meiſt wird dieſe Miſchung freilich keine dauernde ſein. Liegen die Eichenreihen nahe aneinander und werden

---

[1] Vergl. Abſchnitt „Forſtabſchätzung" S. 35.

gepflegt, so entsteht allmählich ein mehr oder minder reiner Eichen=
bestand, werden sie nicht gepflegt, so werden sie überwachsen und ver=
schwinden.

Von der Mischung Eiche=Fichte ist als waldbaulich falsch ganz
abzusehen. [1]

In kleineren Horsten hier und da auf den besten Bodenparthien,
von vorneherein in der Absicht, dieselben überzuhalten, eingesprengt,
ist die Eiche auch im Nadelwalde ein werthvoller Gast. Auch hier ist
allerdings die Behandlung keine einfache. Der Kiefernbestand darf seiner
Zeit in unmittelbarer Nähe der Eichengruppen nicht kahl abgetrieben,
sondern muß allmählich durchlichtet werden, sonst werden die Eichen
wipfelbürr. Werden die Eichen vorwüchsig auf Löchern des Altbe=
standes eingebracht, so hat diese Umlichtung demnach zwei Mal statt=
zufinden. Wie die Anlage der Eichengruppen auch erfolgen mag, immer
müssen sie unmittelbar an Wegen und Gestellen liegen, da sie sonst
nicht fortwährend im Auge behalten und gepflegt werden können.

Ist der Boden auf großen Flächen wirklich eichenfähig, so liegt
es nahe, überhaupt nicht Forst= sondern Landwirthschaft zu treiben,
wenn nicht die Lage — z. B. im Ueberschwemmungsgebiet — zu ersterer
zwingt.

Ausgedehnter Eichenanbau dürfte demnach für den besseren Boden
des kleineren Privatwaldes zwar nicht empfehlenswerth, doch wenigstens
nicht waldbaulich falsch sein. Ganz verfehlt ist aber die Bevor=
zugung der Eiche auf schwächeren Böden, wozu schon der Kiefernboden
dritter Klasse — genauer ausgedrückt, der leiblich frische, wenig Lehm
enthaltende Diluvial=Sandboden der preußischen Ostprovinzen — zu
rechnen sein würde. Der Fehler ist hier ein doppelter; zu dem
privatwirthschaftlichen Irrthum tritt auch noch der waldbauliche Miß=
griff. Einzelne alte Eichen im Kiefernbestande verführen zu der An=
nahme, daß der Boden nach wie vor im Stande sei, die Eiche zu er=
nähren; man vergißt, daß die alten Eichen noch aus der Zeit des
Plenterwaldes stammen, und daß die physicalische Beschaffenheit des
Bodens sich unter dem lichten Schirm des Kiefernkahlschlagwaldes

---

[1] Wegen der Gründe vergl. Gayer's „Waldbau" 2. Aufl. S. 252. Burckhardt's
„Säen und Pflanzen" 4. Aufl. S. 37.

verschlechtert haben muß. Die freiwillige Aeußerung der Schöpferkraft der Natur ist — um mit Gayer zu reden — zurückgegangen.

Erfolgt der Anbau der Eiche gar nach Kahlschlag gleichzeitig mit der Kiefer in Reihen, so erinnern nach zehn Jahren nur noch in gewissen Abständen wiederkehrende Laubengänge daran, daß hier früher sehr viel Geld fortgeworfen worden ist. Aufzwingen läßt sich dem Boden keine Holzart.

Man sucht die Eiche bei dieser Art der Mischung vorwüchsig einzubringen, indem man sie als Heister oder Lohde pflanzt. Mit der Eichenheisterpflanzung ist es aber ein eigen Ding. Entweder, man beläßt der jungen Eiche die Pfahlwurzel, dann wird die Pflanzung enorm theuer, oder man thut einen kräftigen Schnitt, dann kann die junge Eiche nicht gedeihen. Es giebt gewiß auch gelungene Heisterpflanzungen, aber auf gutem Boden kann man bekanntlich Alles thun und es geräth. Auf schlechtem Boden quält sich die junge Eiche hin, bis sie die benachbarten raschwüchsigen Kiefern eingeholt und erdrückt haben. Bei Lohdenpflanzung ist das Bild fast immer genau dasselbe, nur verschwinden die Eichen noch schneller.

So ist die theure Eichenpflanzung verloren; der Schaden wird noch dadurch vergrößert, daß die den Eichenreihen benachbarten Kiefern den Charakter von Randbäumen annehmen, d. h. mehr in die Breite gehen, als für die Ausformung des Nutzholzschaftes gut ist. Alles Läutern schadet hier nur; den Eichen wird nicht geholfen, und die Kiefern werden unnütz raum gestellt.

Geradezu unbegreiflich ist es, daß in Revieren, wo durch zahlreiche Vorgänge das Fehlerhafte der streifenweisen Mischung von Eiche und Kiefer auf schlechteren Böden zur Evidenz erwiesen ist, doch immer wieder nach der alten Schablone weiter gearbeitet wird.

Zuweilen sieht man aus Saat hervorgegangene, recht wüchsige Eichenschonungen auf altem Ackerboden. Ob sie das halten werden, was sie versprechen, ist eine andere Sache. Der rasche Jugendwuchs ist meist auf die lockere Beschaffenheit des Bodens zurückzuführen; verlassen die Wurzeln die obere Schicht, so läßt auch der lebhafte Wuchs nach. Darum Vorsicht mit der Bevorzugung der Eiche im Privatwalde überhaupt, doppelte bei nicht unbedingt eichenfähigem Boden!

Die zweite ſehr beliebte Holzart iſt die Fichte. Theils iſt es ihre ſchöne Baumform, theils der Wunſch, ein anderes Nadelholz im Re= vier zu haben wie die Kiefer, theils auch ihr Ruf als bewährter Lückenbüßer, welchem ſie ihre Beliebtheit verdankt. Den erſten Grund kann man gelten laſſen,[1] den zweiten zuweilen, dem dritten muß man aber mit erheblichen Zweifeln begegnen. Wäre die Fichte wirklich das Mädchen für Alles, nähme ſie thatſächlich mit denjenigen Bodenparthien vorlieb, welche andere Holzarten nicht mögen, ſo würde ihr Anbau vortheilhaft ſein; in Wirklichkeit iſt ſie jedoch wähleriſch in Bezug auf den Boden und noch mehr auf das Klima. Letzteres beweiſt ihr ziemlich ſcharf abgegrenztes natürliches Vorkommen in der dunſtreichen, kühlen Gebirgsregion und in der Nähe der See. Selbſt in ihrer Heimath iſt ſie gegen kleine Standortsunterſchiede, beſonders Expoſitions= wechſel ſehr empfindlich, wie viel mehr in der Fremde.

Die Bauern in der Umgegend des vom Verfaſſer verwalteten Gebirgs=Fichten= und Tannen=Reviers glauben auch, daß die Fichte auf den gemißhandelten Bergkuppen und ſteilen S.= und SW.=Hängen ohne Weiteres wieder anwächſt, ſehen ſich aber hierin gewöhnlich recht empfindlich getäuſcht. Stellt ſich gar Heidekraut ein, ſo wird die Fichte mit unfehlbarer Sicherheit getödtet. Der einzig richtige Weg — auch im Gebirge — die Fichte auf ſolchen, ihr von Hauſe aus zukommenden Stellen wieder einzubürgern, iſt vorläufiger Anbau der Kiefer, welcher die Fichte erſt dann folgen darf (im Schirmſchlage), wenn die Kiefer ihr bodenbeſſerndes Werk gethan hat.

Friſcher Boden iſt für die Fichte Lebensbedingung, ſie paßt alſo nicht für den trockenen Sand; im heimiſchen Gebiet erträgt ſie ſogar ziemlich viel Näſſe und wirkt unter dieſen Verhältniſſen wegen ihrer bedeutenden Waſſerverdunſtung als Regulator der Bodenfeuchtigkeit; ihre Hauptanſprüche ſtellt ſie jedoch an die Luftfeuchtigkeit. Dieſe er= ſetzt ihr der naſſe, kalte Standort des Bruchbodens, auf welchem ſie in der Ebene mit großer Vorliebe angebaut wird, keineswegs, am allerwenigſten aber, wenn darunter Lette anſteht. Kalte Füße und warmer Kopf ſind für ſie ebenſo ſchädlich, wie für den Menſchen.

---

[1] Obwohl auch die Kiefer landſchaftlich ſchön ſein kann! Man leſe nur ein Mal: von Saliſch „Forſtäſthetik" S. 63 ff.

Auch zum Füllen von Lücken in Buchenverjüngungen wird sie außerhalb ihrer Heimath gern verwendet. Sehr mit Unrecht; die Kiefer leistet durch ihren raschen Jugendwuchs im Gegensatz zu der in den ersten Jahren nach dem Verpflanzen stets kümmernden Fichte, und durch ihre Härte gegen die auf diesen Lücken so besonders bösartigen Spätfröste viel mehr.

Die Fichte ist das Ideal eines Nutzholzbaums, aber nur da, wo sie zu Hause ist. Außerhalb ihrer Heimath kümmert sie meist, bildet schwammiges Holz, wird bald rothfaul und begünstigt die Sturm= gefahr. Jedenfalls ist sie im norddeutschen Flachlande mehr angebaut, als dienlich war.

Noch weniger wie die Fichte hat die Lärche auf geeigneten wie ungeeigneten Standorten die gehegten Erwartungen erfüllt. Ueber 100 Jahre ist nunmehr diese Holzart bei uns eingebürgert, zu einem ganz fertigen Urtheil über ihren Werth ist man trotzdem noch nicht gelangt; nur soviel dürfte sicher sein, daß derselbe weit überschätzt worden ist. Ihr alle Holzarten übertreffender Jugendwuchs, das eisen= feste Holz mußten ihr viel Freunde verschaffen und so wurde sie denn in großer Ausdehnung angebaut. Nach den „Beiträgen zur Forst= statistik des deutschen Reichs" haben zwar die Provinzen Ost= und Westpreußen, Brandenburg, Pommern und Posen zusammen nur 1289,2 ha Lärchenbestände aufzuweisen d. h. 0,03 % der Gesammt= waldfläche, doch bezieht sich diese Angabe jedenfalls nur auf reine, oder überwiegend aus Lärchen bestehende Bestände, in der Einzel= mischung mit anderen Holzarten begegnen wir ihr sehr häufig.

Leider pflegt auf unnatürlichen Standorten der rasche Jugendwuchs bald nachzulassen, Lärchenkrebs und Lärchenmotte vollenden dann das Werk der Zerstörung, wenn nicht schon früher die ungemeine Empfind= lichkeit dieser Holzart gegen Seitendruck sie zum Absterben gebracht hat. In Revieren mit starkem Rehstand ist es bei der bekannten Passion des Rehbocks überhaupt nur mit unverhältnißmäßigem Kosten= aufwand möglich, einzelne Lärchen hoch zu bekommen. Sehr störend für die Nutzholzausbeute ist der häufig auftretende Säbelwuchs der Lärche. Ob derselbe auf Vererbung oder die Einwirkung des Windes zurückzuführen ist, mag dahin gestellt bleiben, jedenfalls macht er sich unangenehm bemerkbar.

Das Vorhandensein des reinen Lärchenbestandes ist nur in solchen Hochlagen gerechtfertigt, wohin keine andere Holzart zu folgen vermag, überall ist er sonst wegen seiner raumen Stellung für den Boden ein Verderb.

Kiefer und Lärche schließen von Natur sich klimatisch aus, trotzdem finden wir sie oft im Flachlande zusammen angebaut; auf ärmeren Sandböden fast ausnahmslos mit totalem Mißerfolg. Bereits nach 25 Jahren oder schon früher hat die Kiefer die Lärche überholt, und diese ist verloren. Jede Holzart ist um so empfindlicher gegen Beschattung, je ungünstiger der Standort ist; bei der selbst auf gutem Standort. lichtbedürftigsten aller Holzarten muß sich daher der ungünstige Einfluß desselben am bemerkbarsten machen.

Verfasser muß daher nach dem, was er selbst hat beobachten können, dringend abrathen, die Lärche auf den Sandböden der preußischen Ostprovinzen überhaupt anzubauen; wenn dies geschieht, so darf sie jedenfalls nicht auf reinen Sand, oder noch viel weniger auf versumpfte Parthien gebracht werden. Wer Lärchen pflanzen will, thue dies im Herbst; im Frühjahr treibt sie sehr zeitig und erträgt dann das Verpflanzen nicht mehr.

Viel wohler fühlt sich die Lärche bereits in Ober-Schlesien;[1] es soll auch nicht unerwähnt bleiben, daß in Oldenburg merkwürdiger Weise gute Erfahrungen mit ihr gemacht sind. Ihr eigentlicher Standort ist jedoch das Gebirge, wo sie in der Mischung mit der Fichte vortrefflich gedeiht, ob allerdings im Einzelstande — das ist die Frage. Die Fichte holt sie nach 20, 30 Jahren ebenfalls ein; es mag hierauf zurückzuführen sein, daß in den älteren Beständen der Oberförsterei Ullersdorf die Lärchen nur in kleinen Gruppen auftreten.

Die Buche verschwindet auch im Privatwalde. immer mehr.[2] Leider, muß man sagen. Keine Holzart ist wie sie im Stande, die

---

[1] Vergl. die Verhandlungen des Schlesischen Forstvereins zu Patschkau 1887.

[2] Nach den „Beiträgen zur Forststatistik 2c." sind in Preußen im Ganzen noch vorhanden Buchen 1120806,5 ha b. i. 13,8 % der Gesammtwaldfläche oder 40,8 % der Laubholzfläche. Hiervon kommen jedoch auf Hannover, Westfalen,

Bodenkraft zu erhalten und zu vermehren. Sie ist die wahre „Mutter des Waldes", unter deren Beihilfe und Schutz die besseren Nutzholzarten, namentlich Eiche und Kiefer vorzüglich gedeihen und den formvollendetsten Nutzholzschaft bilden. Daß sie selbst wenig als Nutzholz gefordert wurde, ist bisher häufig benutzt worden, um ihr Verschwinden als eine beabsichtigte Wirthschaftsmaßregel hinzustellen und so der schlechten Wirthschaft den Mantel der Rentabilität umzuhängen. Das von Ph. Geyer verspottete Paradekunststück der Forstleute, die Herstellung einer tadellosen Buchenverjüngung, ist vielleicht doch kein so handwerksmäßig einfaches Verfahren.

Der reichlich mit Eichen und anderen edlen Harthölzern durchsprengte Buchenwald ist auf besseren Standorten das Ideal eines Hochwaldes; nur müssen die Mischhölzer nicht auf den ausgehagerten Lücken, welche nach Fertigstellung der Verjüngung übrig bleiben, eingebracht werden, sondern vorwüchsig in Gruppen auf den besten Bodenparthien. Mit großer Freude ist es zu begrüßen, daß die steigende Verwendung des Buchenholzes als Nutzholz der obigen billigen Motivirung waldzerstörender Wirthschaft die Spitze abbricht.

Die Tanne, der Urwaldbaum $\kappa\alpha\tau'$ $\dot{\epsilon}\xi o\chi\dot{\eta}\nu$ theilt das Schicksal der ihr waldbaulich nahe verwandten Buche in erhöhtem Grade und verschwindet immer mehr in dem an und für sich schon ziemlich eng begrenzten Gebiet ihres natürlichen Vorkommens. Bei ihr zieht der Vorwand der mangelhaften Nutzholzausbeute nicht, ihr Zurücktreten läßt sich daher nur durch die in Waldverwüstung ausartende, staats wie privatwirthschaftlich falsche Wirthschaft mit großen Kahlschlägen erklären. In ihrem südwestlichen Verbreitungsbezirk wird diese dankbarste aller Holzarten gepflegt, in den schlesischen und böhmischen Bergen wird ihr wohl bald das letzte Lied gesungen sein. Die Wirthschafter in von der Natur mit Tannen durchsprengten Fichtenrevieren laden durch diese Wirthschaftsführung die schwere Verantwortung auf sich, dem Boden die Kraft, dem Bestande die Masse, der Fichte ein vorzügliches

------

Hessen-Nassau und Rheinland 805324,1 ha. Die östlichen Provinzen haben nur wenig Buchen. Ost-Preußen 3,9 %; West-Preußen 7,3 %; Brandenburg 2,3 %; Pommern 12,4 %; Posen 1,1 %; Schlesien 1,3 %; (Sachsen 11,4 %; Schleswig-Holstein 44,4 %) der Gesammtwaldfläche.

Schutzholz gegen Gefahren, den holzverarbeitenden Gewerben ein werth=
volles Nutzholz entzogen zu haben.

Unsere wichtigste Holzart ist die Kiefer, wie der Umstand beweist,
daß sie in Preußen eine größere Waldfläche bedeckt, wie die sämmtlichen
anderen Holzarten zusammengenommen.[1]) Sie nimmt den vierfachen
Flächenraum der Buche, den fünffachen von Fichte und Tanne zu=
sammen, den siebenfachen der Eiche (incl. Schälwald) ein. Sie ist der
wahre Brodbaum der norddeutschen Tiefebene, nicht nur „ein köstliches
Geschenk für den Sand," sondern auch für den verwirthschafteten Wald.
Mag nun im Buchenhochwalde durch zu schnelle Lichtung, auf Südhängen
des Fichtengebiets durch große Kahlschläge, im Schälwalde durch unter=
lassene Bestockung der Fehlstellen mit Kernlohden, auf Sandboden durch
Anlage und Duldung reiner Birkenbestände gesündigt sein, überall tritt
die Kiefer helfend ein, um den von ihr gebesserten Boden seiner
eigentlichen Bestimmung zurückzugeben.

Es hieße Eulen nach Athen tragen, die Bedeutung der Kiefer
noch weiter hervorheben zu wollen; nur darauf darf vielleicht noch
hingewiesen werden, daß die Unkräftigkeit des Bodens durchaus nicht
für sie Lebensbedingung ist; es erscheint darum nicht gerechtfertigt, auf
jede etwas bessere Stelle im Kiefernwalde gleich eine anspruchsvolle
Mischholzart zu bringen, so sehr sonst auch im Allgemeinen die Mischung
der Holzarten empfohlen werden muß; auf den Mittelböden ihrer
Heimath leistet die Kiefer privatwirthschaftlich wie waldbaulich wohl
am meisten; jedenfalls mehr wie die Eiche.

Zur Nachzucht der Erle zwingen bestimmte Bodenverhältnisse.
Das frischgrüne Erlenbruch unterbricht angenehm die Monotonie des
Kiefernwaldes, indessen hat diese Holzart, welche nur auf den besten
Böden einen hochwaldartigen, einiges Nutzholz erzeugenden Umtrieb

---

[1]) Nach den „Beiträgen zur Forststatistik" nimmt die Kiefer in Preußen
4463811,7 ha ein, d. i. 54,8 % der gesammten Waldfläche oder 82,6 %
der Nadelholzfläche. Hiervon entfallen auf Ost= und West-Preußen, Brandenburg,
Pommern, Posen, Schlesien und Sachsen 3926639,5 ha. In Schlesien, wo die
Fichte, in Pommern, wo die Buche, in Ostpreußen, wo Fichte und Weichhölzer, in
Sachsen, wo Fichte und Buche ihr Concurrenz machen, tritt sie etwas zurück. Die
meisten Kiefern hat Brandenburg (90,6 % der Gesammtforstfläche, 97,9 % der
Nadelholzfläche); West-Preußen (83,1 % bzw. 96,3 %), Posen (85,8 % bzw. 97,8 %).

ohne Gefahr für die Ausschlagsfähigkeit der Stöcke zuläßt (z. B. im Spreewalde), eine beschränkte Bedeutung. Sie liefert zwar relativ große Holzmassen, aber bei niedrigem Umtrieb fast ausschließlich Brennholz, paßt also nur schlecht in das System der Nutzholzwirthschaft.

Unbegründet ist die Bevorzugung der Weißerle, welche in vielen Privatwaldungen an die Stelle der immer noch besseren Rotherle gebracht worden ist. Sie ist noch weniger Nutzholzbaum wie diese, die Brennkraft ist ebenfalls geringer.

Die Birke im reinen Bestande ist für jede Betriebsart ungeeignet, weil sie den Boden verschlechtert, hat jedoch einige sehr gute Eigenschaften, welche sie schätzenswerth machen. Für den Privatwald mit seinen vielen jungen Beständen, dessen Besitzer darauf angewiesen ist, aus der Vornutzung einen großen Theil seiner Rente zu ziehen, hat sie ihre größte Bedeutung. Keine Holzart liefert von frühster Jugend an so gesuchtes Klein-Nutzholz wie die Birke. Einzelständige, niemals gruppenweise Einsprengung der Birke auf nicht zu schlechten Böden dient daher sehr zur Erhöhung der Rentabilität. Sie folgt zwar der Kiefer auf den ärmsten Sand, doch führt sie hier zur Verlichtung des Hauptbestandes und erzeugt selbst kein Nutzholz mehr, sondern bleibt werthloses Gestrüpp. Auch für das Erlenbruch ist sie eine werthvolle Beigabe, insbesondere bei dem steten Sinken des Wasserspiegels in der Neuzeit.

Leider ist die Birke ein eigensinniger Baum — ebenso wie die Hainbuche. Wo man sie nicht hin haben will, tritt sie massenhaft auf, wo sie gewünscht wird, will sie nicht gedeihen.

Wohl keine andere Holzart hat so die Launen des Zeitgeistes erfahren müssen wie die Birke. Erst gleichgültig behandelt, dann in den Himmel erhoben, um bald darauf als Unkraut verschrieen zu werden. Die jetzige Auffassung über ihre Bedeutung dürfte wohl die richtige sein; im Privatwalde verdient sie wenigstens eine wohlwollende Neutralität.

Eine Gruppe waldbaulich nahe verwandter Holzarten, nämlich Berg- und Spitzahorn, die Rüstern — U. effusa vielleicht ausgenommen — und die Esche sind auf passenden Standorten ganz besonders zum Anbau im Privatwalde geeignet. Mit ihrem Anbau läßt sich nämlich eine zwar bescheidene, aber ziemlich sichere waldbauliche Speculation

verknüpfen. Es ift wohl anzunehmen, daß neben Schneidehölzern
namentlich die vom Kleingewerbe gefuchten Hölzer auch fernerhin einen
guten Abfatz finden werden. Neben der Birke find es nun vorzugsweife
jene drei Holzarten, welche das Kleingewerbe verarbeitet. Früher waren
diefelben viel verbreiteter. Die Kahlfchlagwirthfchaft, der Rückgang der
Bodenfeuchtigkeit haben ihnen viel gefchadet, mehr aber noch eine gewiffe
geiftige Trägheit, welche es vorzog, ohne weiter nachzudenken, gleich=
artige Beftände auf großen Flächen zu erziehen, anftatt erhebliche
Bodenverfchiedenheiten auszunutzen. Der Privatwald ift nun aber
gerade die Stätte der lucrativen Arbeit im Kleinen. Der Anbau der
Rüfter in der Stromaue, des Bergahorns in den kühlen Thalgründen
des Gebirges, des Spitzahorns auf den quelligen Stellen des Buchen=
hochwaldes, der Efche am Rande des Baches oder nicht verfauerten
Bruchs zeigen, daß der Befitzer die richtige Auffaffung von der Nütz=
lichkeit diefer Arbeit im Kleinen hat. Eine derartige zweck= und ziel=
bewußte Wirthfchaft fteht hoch über der Waldgärtnerei und Spielerei
mit Holzarten.

  . Schließlich fei noch einer Holzart gedacht, welche auf fehr ver=
fchiedenen Standorten gedeiht und hohe Erträge abwirft. Es ift dies
die Akazie. Sie nimmt auch mit dem ärmften Boden vorlieb, den fie
dann beffert. In einem dem Verfaffer bekannten märkifchen Privat=
revier hat die Akazie groben, grandigen Kies, auf dem felbft die Kiefer
vollftändig verfagte, auf dem kein Hälmchen fprießte, in wenigen Jahren
foweit gebracht, daß fich eine üppige Grasnarbe bildete. Das Holz
der Akazie ift geradezu unverwüftlich und daher befonders zu Wein=
pfählen gefucht (z. B. in der Umgegend von Grünberg). Leider machen
vielerorts Hafen und noch mehr Kaninchen den Anbau der Akazie
unmöglich. —

  Die Erziehung von Mifchbeftänden gilt nach den heutigen An=
fchauungen als eine der wichtigften waldbaulichen Aufgaben, ganz im
Gegenfatz zu früheren Anfichten.[1]) Mehr wie in den Staatsforften
fchließen im Privatwalde die ungünftigeren Bodenverhältniffe auf
großen Flächen die Begründung gemifchter Beftände aus. Doch felbft

----

[1]) Speciell in Bezug auf Privatwaldungen fprechen fich zwei ältere, fonft
wenig bekannte Schriftfteller, von Dießkau und Pook, dagegen aus.

da, wo der Boden nicht hindernd entgegen tritt, thut es der bloße Wille nicht allein; durch fehlerhafte Mischung kann das größte Unheil angerichtet werden. Sehr wenige Holzarten vertragen sich im Einzelstande unbedingt mit einander, was auf vorwiegend horstweise Mischung hinweist, bei einigen anderen ist diese dagegen wegen ungleichen Haubarkeitsalters ausgeschlossen. Ferner sind die Ansprüche an das Klima verschieden; gewisse Holzarten bedingen die Erziehung in natürlicher oder annähernd natürlicher Verjüngung, kurz, es erfordert sehr sorgfältige Ueberlegung, um die Nachwirkungen der falschen Auswahl und Anlage nicht auf Jahrzehnte im Walde festzubannen. Dann darf man nicht aus den Augen verlieren, daß der gemischte Wald eine sorgfältigere Pflege erfordert wie der reine Bestand, mithin die Beamten besonders geschult sein müssen.

Aber selbst wenn allen diesen Anforderungen genügt wird, so giebt es doch noch zwei Bedingungen, deren Erfüllung unerläßlich ist: Wenigstens eine der in Betracht kommenden Holzarten muß eine ausgesprochene Nutzholzart sein, mindestens eine muß besonders befähigt sein, den Boden zu schirmen und zu bessern.

Ist es möglich, allen diesen Bedingungen gerecht zu werden, so begründe man Mischbestände, ist es nicht möglich, so begnüge man sich mit reinen Beständen, und suche in diesen möglichst viel und brauchbares Nutzholz zu erziehen.

Die Entscheidung, welche Holzart im reinen Bestande am vortheilhaftesten anzubauen ist, fällt meist nicht schwer. Beim Laubholz kommt der reine Bestand höchstens bei der Erle in Betracht; wo Buche oder Eiche ihr Gedeihen finden, ist der Boden so gut, daß hochwerthige Mischhölzer eingesprengt werden können. Bei den Nadelhölzern könnte ein ernstlicher Zweifel wohl nur im Grenzgebiet der Verbreitungsbezirke gewisser Holzarten vorkommen wie z. B. für Kiefer und Fichte in der Lausitz; die beste Lösung würde aber hier der gemischte Bestand sein. Im Inneren des Verbreitungsbezirks leistet wohl immer die einheimische Holzart am meisten. Das scheinbar bessere Gedeihen einer eigentlich nicht heimischen Holzart beweist nur, daß diese unduldsamer, nicht aber, daß sie besser ist (Gayer). In dem vom Verfasser verwalteten Fichten= und Tannenrevier hat stellenweise die Kiefer jene angestammten, für hiesige Verhältnisse werthvolleren — weil

die doppelte Masse besseren Holzes pro ha liefernden — Holzarten
verdrängt, ohne daß ehemals die Nothwendigkeit vorgelegen hätte,
die Kiefer wegen Bodenverarmung anzubauen.[1] —

Die natürliche Verjüngung hat seit etwa 20 Jahren sich wieder
mehr Freunde erworben, nachdem die Gefahren der Kahlschlagwirthschaft
in bedrohlicher Weise hervorgetreten. Auch den Privatwald hat diese
rückläufige Strömung nicht unberührt gelassen, doch eroberte sie sich
den schlechteren Bodenverhältnissen entsprechend weniger Feld wie im
Staatswalde. Es kommt hinzu, daß theils die Bequemlichkeit, theils
mangelndes Verständniß an der einfachen Kahlschlagwirthschaft fest=
halten ließen.

In den reinen, auf mehr oder minder trockenem Sande stockenden
Kiefernrevieren der norddeutschen Tiefebene wird es auch wohl dabei
bleiben und zwar nicht mit Unrecht; der Kahlschlagbetrieb mit nach=
folgender künstlicher Cultur leistet hier mehr. Es fehlt allerdings
nicht an hervorragenden Fachmännern, welche auch unter diesen Ver=
hältnissen für natürliche Verjüngung eintreten; Verfasser glaubt jedoch
nach seinen Erfahrungen sich der vorstehenden Ansicht Burckhardt's an=
schließen zu müssen. Die Gefahren, welche der Kahlschlagbetrieb mit
sich bringt, lassen sich zwar nicht ganz vermeiden, doch verringern;
insbesondere wird dies erreicht durch möglichste Verkleinerung der
Kahlschlagflächen. Ob gegen die Vermehrung aller hervorragend
schädlichen Insecten dadurch mit Erfolg angekämpft wird, mag dahin=
gestellt bleiben; so viel ist aber sicher, daß kleine Schläge das beste
Mittel gegen Bodenveröbung bilden.

Die Neigung zum Anstellen von Versuchen, welcher wir, wie er=
wähnt, in der Privatwaldwirthschaft ganz besonders begegnen, hat es
auch in dieser Beziehung nicht unterlassen, durch Freihieb von Anflug=
horsten eine der natürlichen Verjüngung sich nähernde Horstwirthschaft
zu treiben. Die Erfolge sind, wie nicht anders zu erwarten war,
mehr wie mäßig gewesen. Die junge Kiefer erträgt, ohne Schaden zu
leiden, Beschattung nur so wie so ganz kurze Zeit; sie wird um so
lichtbedürftiger, je ärmer der Boden ist. Die kümmerlichen, kurz be=

---

[1] Ganz ähnliche Erfahrungen sind vielerorts, z. B. im Thüringer Walde
gemacht worden.

nabelten Horste können daher nach der Freistellung kein Gedeihen mehr finden, bilden somit kein Aequivalent für den vorzeitigen Aushieb noch wuchskräftigen Altholzes. Möge man sie daher als Bodenschutzholz weiter vegetiren lassen, nicht aber für die Nachzucht benutzen.

Anders gestalten sich die Verhältnisse auf besserem, empfänglichem Boden und zwar namentlich in Ostpreußen, auch schon in der großen Tuchler Heide, oder aber bei gemischten Beständen. Der Kahlschlag ist hier zwar nicht immer eine unbedingt falsche wirthschaftliche Maß=regel, indessen würde es sich doch sehr empfehlen, wenn die natürliche Verjüngung oder eine verwandte Methode der Bestandsbegründung mehr zur Anwendung käme, wie es bisher der Fall gewesen ist. Einer der vielen Vorzüge der natürlichen Verjüngung ist die billige Cultur. Daß dieselbe jedoch gar nichts kosten soll, ist eine unrichtige Auffassung. Ist nicht bereits brauchbarer Anflug vorhanden, beziehungsweise besamt sich die ganze in Angriff genommene Fläche nicht sehr bald, so warte man mit der Schlagergänzung nicht zu lange; sicher nicht bis zur völligen Räumung des Schlages. Der größte Vortheil der natürlichen Verjüngung, die Erhaltung der Bodenfrische, schlägt sonst in das directe Gegentheil um.

Die Fichte wird fast ausschließlich im Kahlschlagbetriebe bewirth=schaftet. Als Grund hierfür wird fast immer die Sturmgefahr an=geführt. Zum Theil gewiß mit Recht, doch liegt auch in der Borg=greve'schen Ansicht,[1] „daß in den meisten norb= und mitteldeutschen Fichten=Gebieten ursprünglich um dem Futtermangel entgegen zu kommen, Kahlschlagwirthschaft mit Pflanznachzucht eingeführt sei" etwas Richtiges. Diese letzteren Verhältnisse haben sich im gegebenen Falle zwar meist geändert, die Methode der Wirthschaft wird aber aus Gewohnheit und weil sie der Bequemlichkeit Vorschub leistet beibehalten. Es fehlt jedoch nicht an Stimmen practischer Forstmänner, welche größere Berück=sichtigung des Fichtensamenschlagbetriebs fordern.[2] Daß in reinen Fichtenbeständen Naturverjüngung oder Schirmschlag — bei den selteneren Samenjahren der Fichte ist sofortige Ergänzungscultur noch nöthiger wie bei der Kiefer — möglich ist, kann Verfasser aus der eigenen

---

[1] „Die Holzzucht." Berlin 1885 S 46.
[2] Z. B. Forstmeister Schimmelpfennig in den „Forstlichen Blättern."

Praxis beweisen; trotz der ganz besonders flachen Bewurzlung auf den Porphyr= und Quadersandsteinböden der Oberförsterei Ullersdorf haben die sehr heftigen Stürme der Jahre 1886—1888 in den durchlichteten Beständen nur ganz vereinzelte Stämme geworfen, obwohl sonst nicht unerhebliche Windbrüche im Revier vorgekommen sind.

Eine ganz besonders gute Wirkung hat im hiesigen Revier die Nachzucht der Fichte unter Schirm in einem tief gelegenen Schutzbezirk, dessen Boden nach Kahlschlag sofort versumpft, so daß regelmäßig jede Art von Pflanzung auffriert. Unter Schirm leidet sogar die Saat nur wenig darunter. Selbstredend wird durch Erhaltung eines Mantels an der Westseite des durchlichteten Bestandes dafür gesorgt, daß der Sturm möglichst wenig hinein kann.

Ein noch günstigeres Bild gewähren die Verjüngungen in den in Vorverjüngungsbetrieb genommenen gemischten Fichten= und Tannen= beständen. Ueber den zahlreichen brauchbaren Tannenhorsten wird der Altbestand gelichtet, gleichzeitig auch der Kronenschirm des nicht mit Unterwuchs versehenen Altbestandes leicht durchbrochen und hier Fichte durch Saat künstlich eingebracht, insoweit nicht ein Samenjahr benutzt werden kann.

Wo an steilen Lehnen die natürliche Verjüngung gemischter Fichten= und Tannenbestände nicht stattfinden kann, thun schmale Randschläge fast denselben Dienst; die Tanne fliegt von der Seite an und bleibt so dem Bestande erhalten.

Die Buche muß selbstverständlich im Samen= oder Schirmschlage erzogen werden, von Freiculturen muß abgerathen werden. Vereinzelt sind dieselben wohl gelungen; dies beweist aber nur, daß der Wirth= schafter Glück gehabt hat; mit besonderem Geschick hat das Gelingen Nichts zu thun.

Ob die Eiche, für deren natürliche Verjüngung in neuerer Zeit hin und wieder eine Lanze eingelegt wird, sich wirklich dazu eignet, muß die Zukunft lehren.

Wie lange der Verjüngungszeitraum zu dauern hat, hängt von Holzart und Standort ab. Eine zu schnelle Lichtung führt zur Boden= veröbung und ist dem Jungbestande nicht zuträglich, doch ist ander= seits auch ein zu langes Ausdehnen vom Uebel. Die Wirthschaft ver= zichtet alsdann auf die Vortheile des Hochwaldes und geht mehr oder minder zum Plenterbetrieb über. Geringe Unterschiede im Alter sind wegen Verminderung der Schneedruckgefahr willkommen, aber solche, welche die halbe Umtriebszeit umfassen, nehmen im Walde jede Uebersicht und laden damit zur Raubwirthschaft ein.

Ganz unzweckmäßig ist es, wegen brauchbarer Vorwuchshorste in allen Perioden des ganzen Reviers umherzuplentern. Wegen allzugroßer Zersplitterung der Hiebsflächen wird die Einnahme dadurch geschädigt (Fürst), auch kann die Wirthschaft den Bedürfnissen der zahlreichen Angriffspunkte nicht folgen; sie werden z. Th. vergessen, und verfallen dann der Bodenverödung. Was nützt es ferner, im Gebirge einen Horst am Fuß eines Hanges frei zu stellen, wenn man ganz genau weiß, daß in 10 oder 20 Jahren beim Abtrieb des Hanges die rutschenden Stämme doch Alles ruiniren werden.

Daß eine naturgemäße Wirthschaft auch im Privatwalde mehr und mehr Platz greifen möge, ist im privat= wie staatswirthschaftlichen Interesse zu wünschen; ebenso aber auch daran festzuhalten, daß die Ordnung im Walde darunter nicht leiden darf. Beide Vortheile lassen sich vereinigen, wenn im Großbetrieb der Kahlschlag mit kleinen, die Naturverjüngung mit großen — nicht aber kleinsten — gleichartig be= handelten Flächen arbeitet. —

Etwas Ueberhalt ist auf gutem Boden im Privatwalde nament= lich dann angebracht, wenn sonst mit niedrigem Umtrieb gewirthschaftet wird. Mit einiger Vorsicht ist jedoch die beliebte Methode, einzelne Stämme auf den Kahlschlagflächen überzuhalten, zur Anwendung zu bringen. Alle Holzarten drücken auf den Unterstand und leiden unter der Freistellung; die Eichen bedecken sich mit Wasserreisern und werden wipfeldürr, die Buchen rindenbrandig, auch die Kiefern kümmern und werden vom Winde schief gedrückt. Der Gruppenüberhalt ist selbst beim Kahlschlage wohl meist vorzuziehen; die beste Gelegenheit dazu bieten jedoch Naturverjüngungen und Schirmschläge, in denen die zum Ueberhalt bestimmten Horste allmählich durch Umlichten an den Frei= stand gewöhnt werden. Ist der Umtrieb freilich so niedrig, daß an naturgemäßere Wirthschaft nicht gedacht werden kann, so fällt damit auch die Möglichkeit dieser Art des Ueberhalts. —

Die Pflanzung hat die Saat immer mehr zurückgedrängt; seitdem man sich aber einer naturgemäßeren Wirthschaft zuzuwenden begonnen hat, kommt glücklicherweise diese unter vielen Verhältnissen vorzügliche Culturmethode wieder mehr zu Ehren. Man bedient sich jedoch ge= ringerer Samenmengen wie früher. Die verkümmerten, übersäeten Dickungen sind es in erster Linie, welche die Saaten in unverdienten Mißcredit gebracht haben. Burckhardt[1] sagt von den dichten Fichten= saaten mit 18 Pfund und mehr pro Morgen sehr treffend: „Das Schlimmste bei ihnen ist, wenn sie gut gerathen!"

Als den größten Vorzug der Saat dürfen wir es betrachten, daß die aus ihr hervorgegangenen Bestände dem allein noch berechtigten Ziel der modernen Waldwirthschaft, der Erziehung von astreinem Nutzholz, viel mehr zu dienen vermögen als die Pflanzung. Wer in einem total verwirthschafteten Walde nothgedrungen viel Brennholz einschlagen muß, darf sich mit dem schlechten Zustande seines Reviers entschuldigen; wer aber nicht dafür sorgt, daß in Zukunft dieser Entschuldigungsgrund fortfällt, handelt unverantwortlich. Läßt die betreffende Holzart eine billige Pflanzmethode zu, wie die Kiefer, so kann auch durch Pflanzung ein so enger Stand erzielt werden, daß der Bestand schnell in Schluß kommt, obwohl mancherlei Gründe auch bei der Kiefer auf besserem, nicht zu graswüchsigem oder zum Auffrieren geneigtem Boden für die Saat sprechen.

Anders ist dies bei der Fichte. Man hat die Büschelpflanzung meist verlassen und bedient sich drei= oder vierjährigen verschulten Ma= terials.[2] Scheinbar wird die Cultur dadurch — im Gegensatz zur Saat — gar nicht so sehr vertheuert, geht man jedoch tiefer und er= fährt, daß die Erziehung des Pflanzmaterials noch außerdem $^2/_3$ so viel kostet wie die Cultur selbst, so gewinnt die Sache ein anderes Aussehen. Um nicht enorm theuer zu cultiviren, ist man daher darauf angewiesen, weite Verbände zu wählen, welche den völligen Bestands= schluß erst nach 12 und mehr Jahren eintreten lassen. Man denke sich nun einen Südhang, auf den Wind und Sonne ein Dutzend Jahre ungehindert einwirken können. Der Boden verödet, die Pflanzen ver= gilben, werden von Chermes=Arten zerfressen, neigen zur Zwieselbildung,

---

[1]) „Säen und Pflanzen." 4. Aufl. S. 337.

[2]) Die beste Methode für Pflanzung verschulter Fichten ist die sogenannte „Lochhügelpflanzung."

und sind von oben bis unten mit zähen Aesten bedeckt, welche an eine Stammreinigung noch lange nicht denken lassen. An Nord= und Ost=hängen ist das Bild ein besseres, doch auch hier ist der üppige, die Saat überholende Wuchs nur ein scheinbarer Vorzug der Pflanzung, denn die Aeste und Zwiesel bleiben. Der Bestand macht den Eindruck, als ob Weihnachtsbaumwirthschaft betrieben werden sollte!

Bei dem beliebten Verbande 1 : 2 m stehen pro ha, wenn Alles glücklich anwächst, 5000 Pflanzen. Nach Baur[1]) hat der Normal=bestand auf II. Bodenklasse dieselbe Pflanzenzahl zwischen dem 34. und 35. Jahre. Kann es demnach wohl etwas Unnatürlicheres geben als jenen Verband?

Die Freisaat der Fichte hat allerdings erheblichere Bedenken wie bei der Kiefer, da sie unter Graswuchs und Auffrieren mehr leidet wie diese. Wo diese Gefahren vorliegen, pflanze man daher, doch in engem Verbande und unter Verwendung nur guten Materials, dem=nach sehr theuer; oder noch besser, man säe unter Schirm.

In Felsklippen ist die Priesensaat an geeigneten Stellen über=haupt das einzige Mittel, eine Bestandsanlage vorzunehmen; wenn irgend möglich unter Schirm, denn Kahlschlag ist hier doppelt ge=fährlich.

Daß für die Eiche die Saat vorzuziehen ist, geht aus dem weiter oben Gesagten hervor; ebenso darf die Pflanzung bei der Buche nur eine Ausnahme bilden. —

Bevor zu den Neuculturen geschritten wird, ist es erforderlich, die Nachbesserungen recht gründlich und zwar mit nicht zu vielen Arbeitern — weil bei der großen Fläche und der zerstreuten Arbeit sonst die Ueberficht verloren geht — auszuführen. Die baldige Fertigstellung der Ergänzungsarbeiten ist deßwegen nöthig, weil diese mit jeder Ver=zögerung schwieriger werden. Zu lange darf man demnach nicht ab=warten, ob die erste Cultur angegangen ist oder nicht, denn eine Nach=besserung hat nur so lange Zweck, als ein seitliches Ueberwachsenwerden der später eingebrachten Pflanzen ganz sicher nicht anzunehmen ist. In dem löblichen Bestreben, geschlossene Culturen zu erzielen, wird gerade in Privatwaldungen hierin viel zu weit gegangen. Bei genauerer Be=

---

[1]) „Die Fichte in Bezug auf Ertrag, Zuwachs und Form." Berlin 1877.

trachtung der jüngeren Schonungen findet man zahlreiche verkümmerte Pflanzen, welche wahrscheinlich erst später eingebracht worden sind. Der die Nachbesserung ausführende Beamte hat nicht bedacht, daß sich der Character einer Schonung in wenigen Jahren ändert. Was heute noch ein freier Raum ist, ist nach zwei, drei Jahren bereits völlig durch die Seitenzweige der Nachbarstämme — besonders wenn es Kiefern sind — ausgefüllt. Kommt die Cultur, wie man zu sagen pflegt, erst in den Schuß, so nutzt auf kleinen Lücken die Nachbesserung selbst mit den sonst sehr brauchbaren Ballen nicht mehr. —

Ob zur Erziehung des Pflanzmaterials ständige oder Wandercämpe den Vorzug verdienen, muß sich nach den Verhältnissen richten. Nur so viel sei hervorgehoben, daß die Erziehung aller Pflanzen, welche längere Zeit im Camp bleiben müssen, im ständigen Camp vortheilhafter ist. Werden Wandercämpe dazu benutzt, so wird der Boden derartig ausgesogen, daß Nichts mehr wachsen will. Es gilt dies besonders von denjenigen Flächen, auf denen 3= oder 4jährige verschulte Fichten erzogen sind. Im Gebirge ist es der theuren Bodenbearbeitung wegen unter allen Umständen besser, sich nur der ständigen Cämpe zu bedienen. —

Den Arbeiten der Waldpflege wird im Privatwalde — mit Ausnahmen natürlich — lange nicht dieselbe Sorgfalt gewidmet wie der Bestandsbegründung; es beweist dies, daß die Wahrheit des Ausspruchs, „die Axt sei das wichtigste Culturinstrument," nicht genügend gewürdigt wird. Mangelnder Absatz, fehlende Arbeitskräfte, jagdliche Rücksichten lassen Durchforstung und Läuterung nicht zur Geltung gelangen. Geschieht Etwas in Bezug auf Waldpflege, so haben wir fast immer nur eine Durchforstung der jüngeren Stangenhölzer darunter zu verstehen, obwohl — gewisse Ausnahmen abgerechnet — dieselben vielleicht gerade die ungeeignetsten Objecte für den gewaltsamen Eingriff sind.

Der Eine rühmt sich seiner vorsichtigen Durchforstung, d. h. er beschränkt sich darauf, die unterdrückten Stämme herauszunehmen. Was erreicht er damit? Einen finanziellen Effect? Wohl kaum! In den meisten Fällen werden die Werbungskosten eben gedeckt, dagegen drückt die gefährliche Concurrenz des billigen und schlechten Materials auf den Preis der besseren Brennholzsortimente, falls es nicht gelingt, große Posten von Reiserstangen abzusetzen. Das ist jedoch nur unter besonders günstigen Umständen möglich. Von einem waldbaulichen Vortheil kann noch viel weniger die Rede sein. Der ganz unterdrückte Stamm spielt zu jeder Zeit, namentlich aber in der Periode des lebhaftesten Höhenwuchses eine untergeordnete Rolle, hat auf das Gedeihen des Hauptbestandes gar keinen Einfluß. Wird er herausgehauen, so gewährt die Durchforstung der Natur keine Unterstützung mehr, sondern sie hinkt ihr hintennach. Dem gleichaltrigen Hochwalde macht derselbe Schriftsteller, dem dieser Ausdruck entlehnt ist — Gaher — den nicht unbegründeten Vorwurf, daß sein gleichmäßig sich in die Höhe schiebendes Kronendach den aushagernden Winden und dem Sonnenbrande mehr und mehr Zutritt gestattet.[1]) Werden nun noch die unterdrückten Stämme herausgehauen, deren Gesammtheit unter dem eigentlichen Kronendach eine wirksame Schutzmauer bildet, so haben die bösen Feinde freies Spiel.

Ein Anderer geht weiter und entnimmt auch die zurückbleibenden Stämme, d. h. diejenigen, deren größter Kronendurchmesser unter dem des Hauptbestandes liegt, welche also nur noch mit einer Spitze oder Fahne in das Kronendach hineinragen. Auch diese Maßregel hat waldbaulich wohl nicht den erhofften großen Vortheil, obwohl nicht geläugnet werden soll, daß sie zweckmäßig sein kann. Bei dem energischen Höhenwuchs des Hauptbestandes in diesem Alter und auf besserem Boden wird der zurückbleibende Stamm bald völlig überholt und sinkt zum unterdrückten herab. Aber auch während der kurzen Zeit, wo er noch nicht völlig unterdrückt ist, hat er auf den benachbarten dominirenden Stamm nicht viel Einfluß, da er diesen nur in seinem unteren Kronentheil belästigt. Schaden könnte er nur dann thun, wenn der dominirende Stamm in diesem Alter in die Breite und nicht in die Höhe gehen sollte.

Ein Dritter greift gar stark in den Hauptbestand ein. Daß dies ganz falsch war, beweisen dann bald eine vorzeitige Abwölbung der Krone, der Rückgang der Bodenfrische und am handgreiflichsten der Schneebruch.

Es rechtfertigt sich somit wohl die Ansicht, daß bei reinen Nadel-

---

holzbeständen auf besserem Boden, auch wohl bei reinen Buchenorten in dieser Periode die Natur selbst das Beste thut und höchstens einer Unterstützung durch die Hand des Menschen bedarf. Eine fernere Voraussetzung ist die, daß der Bestand seiner Zeit durch richtige Läuterung auf diese Periode vorbereitet worden ist, oder einer solchen nicht bedurfte. Anders liegt die Sache bei Mischbeständen und bei reinen Eichen. Erstere erfordern eine fortdauernde Pflege, weil die Kraft der verschiedenen Holzarten, mit der sie in den Kampf um das Dasein gehen, zu ungleich ist und die besseren zu unterliegen pflegen, wenn ihnen nicht geholfen wird; die Eichenbestände verlangen dieselbe, weil es bei der Eiche weniger auf schnurgraden Wuchs als auf die Beschaffenheit des Holzes ankommt, und weil diese Holzart zu ihrer gedeihlichen Entwicklung in jedem Lebensalter einer vollen Krone bedarf. Der reine Lärchenbestand würde ähnliche Anforderungen stellen, kommt jedoch zu selten vor, als daß er einer größeren Beachtung bedürfte.

Sowie der dominirende Stamm im Höhenwuchs nachläßt, beginnt er seine Krone abzuwölben. Jetzt wird ihm der zurückbleibende Nachbar, dem er nach obenhin nicht mehr ausweichen kann, lästig, da er ihn in der Kronenausbildung stört. Damit ist die Zeit gekommen, dem Bestande einen wesentlichen Dienst zu leisten, indem die Bedränger entfernt werden. Es geschieht dies leider nur selten, obwohl nicht nur der Bestand, sondern auch die Rente darunter leidet. Wird nämlich diese Stammkategorie rechtzeitig herausgehauen, so liefert sie ein zwar geringes, doch brauchbares Nutzholz, während sie der nachlässige Wirthschafter so lange stehen läßt, bis sie abstirbt und als Trockniß in die Klafter geschlagen werden muß.[1]

Wenigstens ebenso wichtig wie die Sorge für den älteren Bestand ist in den meisten Fällen die Läuterung in den jüngsten Altersklassen. Sie deckt allerdings durch ihre directen Erträge fast nie die Kosten — ausgenommen etwa wo Faschinen gut verkäuflich sind — um so mehr aber indirect durch die bessere Ausbildung des Bestandes. Unbedingt möchte Verfasser davon abrathen, die Läuterungshiebe von Selbstwerbern besorgen zu lassen, um Kosten zu ersparen, was noch

---

[1] Wegen eines dritten Vortheils vergl. Abschnitt „Forstschutz."

kürzlich empfohlen wurde.[1]) Was kümmert den Selbstwerber das Be=
dürfniß des Bestandes, er sieht, wie er selbst am besten fährt und
sucht sich daher das stärkste Material aus.

Bei Pflanzschonungen, bei Kiefernsaaten auf gutem Boden,
welche letzteren wegen des höchst energischen Bestrebens der Kiefer,
sich seitlichen Wachsraum zu verschaffen, weniger gefährdet sind, verliert
die Läuterung[2]) wohl an Bedeutung, ja man thut sogar meist besser
„die Jungwüchse in Ruhe zu lassen." Treffen diese Voraussetzungen
jedoch nicht zu, handelt es sich um Eichen= oder Fichtensaaten, auch
um Kiefernsaaten auf schlechterem Boden, namentlich aber um Misch=
bestände verschieden gearteter Holzarten — also beispielsweise die besser
unterbliebene streifenweise Mischung von Eiche und Kiefer — so muß
der Natur geholfen werden, sonst bilden sich Peitschenstiele, räumt das
empfindlichere Mischholz dem unbuldsameren oder den ungerufenen Ein=
dringlingen, wie Eberesche und Weide, seinen Platz, nutzen vor allen
Dingen spätere Durchforstungen nur noch sehr wenig, da der Bestand
den Todeskeim in sich trägt. Der größten Aufmerksamkeit bedürfen
die aus natürlicher Verjüngung hervorgegangenen Schonungen.
Kein Zweifel, die Natur ist unsere beste Lehrmeisterin, aber sie verfolgt
doch zuweilen andere Zwecke wie der Wirthschafter im Nutzwalde und
bedarf daher der Correctur. Das oft citirte, oft mißdeutete Wort
Pfeils: „Fraget die Bäume, wie sie erzogen werden wollen und sie
werden Euch besser darüber belehren, als die Bücher es thun," ist
keineswegs eine Verherrlichung der extensiven Wirthschaft des Gehen=
lassens.

Eine consequente Durchführung der Durchforstungen ist nur dann
möglich, wenn bei der Abschätzung des Reviers ein Plan ausgearbeitet
worden ist, welcher sich höchstens auf die nächsten zehn Jahre erstreckt,
und der ersehen läßt, wie viel Fläche jährlich zu durchforsten ist. Ist
dieser Anhalt nicht vorhanden, so werden Läuterung und Durchforstung
bald wieder vernachlässigt, es fehlt der so wichtige moralische Zwang.

---

[1]) Im Juliheft der „Zeitschrift für Forst= und Jagdwesen." Jahrgang 1888.

[2]) Es wird unter Läuterung hier jeder Eingriff in den Bestand vor der
natürlichen Bestandsreinigung verstanden, nicht also bloß der Aushieb von Weich=
hölzern 2c.

Es wird sich häufig nicht vermeiden lassen, einen großen Bestand zum Zwecke der Durchforstung in zwei oder gar drei Theile zu zerlegen, um diese in verschiedenen Jahren zu durchforsten. Im Allgemeinen muß hiervor jedoch gewarnt werden; die nicht durchforsteten Theile ge=rathen zu leicht in Vergessenheit.

---

3. Die Forstbenutzung.

a. Die Holznutzung.[1])

Die Forstbenutzung ist in Deutschland wie überall der ältefte Zweig der Forstwirthschaft. Sie existirte bereits zu einer Zeit, wo der Wald noch nicht als Beschützer der Cultur auftrat, sondern der=selben im Gegentheil feindlich gegenüberstand. So lange dieses Ver=hältniß dauerte, war es natürlich, daß neben der beabsichtigten Ver=nichtung des Waldes behufs Gewinnung von Culturland eine anderweitige Beziehung des Menschen zum Walde nur insofern bestand, als es sich um die Benutzung der von der Natur in überreicher Fülle gebotenen Schätze handelte. Die Waldverwüstung als Selbstzweck mußte endlich eine Grenze finden; der Wald wurde zunächst indifferent, dann werth=voll; trotzdem blieb die Benutzung, einige Ausnahmen abgerechnet, immer noch die einzige, extensivfte Form der Bewirthschaftung. Dem drohenden Holzmangel suchte man nur dadurch entgegen zu treten, daß man das Nutzungsrecht der Markgenossen an der gemeinen Waldmark einschränkte. Erft viel später bildeten sich neben· der Benutzung auch andere Zweige der Waldwirthschaft heraus, welche es ermöglichten, jene weiter zu treiben. Von einer Forstwissenschaft war sogar noch vor 100 Jahren in Preußen nicht viel zu spüren.

Die Benutzung ist mit Recht der Endzweck der privatwirthschaft=lichen Thätigkeit im Walde geblieben. Jede nützliche Wirthschaft und Wissenschaft vervollkommnet sich im Laufe der Zeit; auch im Gebiete der Forstbenutzung hat sich eine continuirliche Reihe von Verbesserungen Bahn gebrochen und derselben ein gänzlich verändertes Gepräge auf=gedrückt. Neben der Verwerthung von Erfahrungen war es besonders

---

[1]) Der doppelbeutige Ausbruck „Hauptnutzung" ist mit Absicht vermieden.

die Berücksichtigung der allgemeinwirthschaftlichen Strömungen, welche diese Aenderungen bedingte. Zunächst verloren die Jagd und die Neben= nutzungen an Bedeutung, das Holz wurde dagegen ein immer begehr= terer Artikel, vorwiegend jedoch noch in der Form von Brennholz. Erst das neunzehnte Jahrhundert, insbesondere die zweite Hälfte des= selben, hat hierin erneuten Wandel geschaffen.[1]

Der gewaltige Hebeldruck dreier Factoren lenkte die Waldwirth= schaft in ganz andere Bahnen, warf die Brennholzwirthschaft über den Haufen. Es waren dies die wachsende Concurrenz der Mineralkohlen, die durch das rasche Entstehen und Aufblühen holzverarbeitender Ge= werbe gesteigerte Nachfrage nach Nutzholz jeder Art und schließlich die Entwicklung des Verkehrswesens.

Den eigentlichen Todesstoß versetzten der Brennholzwirthschaft Stein= und Braunkohle, mit dem Torf hätte sie sehr wohl concurriren können. Bereits im Jahre 1866, so berechnet Bernhardt,[2] lieferten die preußischen Waldungen mit fast 1243 Quadratmeilen nicht ganz $\frac{1}{6}$ des summarischen Heizeffects; über $\frac{5}{6}$ desselben erzeugten fossile Brenn= stoffe. Seit 23 Jahren hat nun aber die Förderung der Mineral= kohle einen mächtigen Aufschwung genommen. Einen interessanten Ver= gleich gestattet eine kleine Statistik im Jahrgang 1887 der „Zeitschrift für Forst= und Jagdwesen," aus der hervorgeht, daß die Steinkohlen= production im ganzen deutschen Reich schon im Jahre 1885 das $2\frac{1}{2}$ fache betrug von jener im Jahre 1866. Die Braunkohlenförderung hat fast gleichen Schritt damit gehalten; sie ist auf mehr wie das Doppelte gestiegen. Die neuesten Zeitungsnachrichten berichten auch jetzt wieder von einer bedeutend erhöhten Förderung von Mineral=

---

[1] Recht characteristisch ist es, daß die Schriftsteller aus den ersten Decennien des Jahrhunderts bei Besprechung der drohenden Holznoth fast ausnahmslos ein Langes und Breites von leeren Oefen und frierenden Menschen reden und dann erst so nebenbei auf den Mangel an Bau= und Werkholz zu sprechen kommen! Wie tief eingewurzelt und in der damaligen Zeit auch berechtigt die Ueberzeugung war, daß die Hauptaufgabe des Waldes die Erzeugung von Brennholz wäre, er= hellt am deutlichsten aus der Stellung, welche von Thünen der Forstwirthschaft in seinem Kreissystem anwies. Vergl. hierüber v. d. Goltz in Schönberg's „Handbuch der politischen Oekonomie." Bd. II. S. 82.

[2] a. a. O. S. 56. 57.

kohlen unter dem günſtigen Einfluß des allgemeinen wirthſchaftlichen Aufſchwunges. Im Vergleich zu dieſen Maſſen von foſſilen Brenn= ſtoffen muß die Bedeutung des Brennholzes eine recht beſcheidene genannt werden, zumal wenn man bedenkt, daß daſſelbe für die Keſſel= feuerung der Dampfmaſchinen weniger geeignet iſt.[1]

Der Verbrauch des Brennholzes zum Heizen der Oefen wird ebenfalls immer mehr als Verſchwendung erkannt. Selbſt in vielen Forſthäuſern iſt es von der Kohle verdrängt; gewiß ein ſchlagender Beweis für die Vorzüge der letzteren! Sogar die Bäcker, ſonſt die treueſten Kunden des Brennholzwaldes, haben ſich in der überwiegenden Mehrzahl längſt der Kohle zugewandt. Das Zurückgehen des Brenn= holzverbrauchs in der Reichshauptſtadt ergiebt ſich am überzeugendſten aus einer Tabelle des von Hagen=Donner'ſchen Werks „Die forſtlichen Verhältniſſe Preußens." Es betrug der Ueberſchuß der Einfuhr über die Ausfuhr pro Kopf der Bevölkerung in Berlin 1861 0,75 fm, 1880 nur noch 0,51 fm, während ſich die Verhältnißzahlen der verbrauchten Mineralkohlen auf 0,88 : 1,43 in denſelben Jahren ſtellten.

Durch die übermächtige Concurrenz der Mineralkohle iſt mithin die Brennholzerzeugung unwichtig geworden, anderſeits iſt aber wenigſtens vorläufig noch der Bergbau auf den Wald angewieſen, da er jährlich eine große Menge von Nutzholz in der Form von Stempel=, Schwellen=, Pfahl= und Verſchalungshölzern conſumirt. Wer nicht ſelbſt Gelegenheit gehabt hat, Geſchäfte mit Grubenholz zu machen, kann ſich nicht vorſtellen, welche enormen Maſſen von Holz jährlich auf Nimmerwiederſehen in den Gruben verſchwinden. Nach von Hagen= Donner verbraucht allein die Provinz Schleſien pro Jahr 190 000 fm Grubenholz. Nach demſelben ſtatiſtiſchen Werk hat die Nutzholzaus= beute in den preußiſchen Staatsforſten pro 1880/81 0,7 fm Nutzholz pro ha betragen. Legt man nun dieſe Zahlen ungeachtet des im Durch= ſchnitt ſchlechteren Zuſtandes der Privatforſten einer weiteren Berechnung zu Grunde, ſo würde die Nutzholzausbeute von im Ganzen 271 429 ha Waldfläche erforderlich ſein, um den Grubenholzbedarf dieſer einen

---

[1] Es berührt eigenthümlich, wenn man beim Ueberſchreiten der ruſſiſchen Grenze, z. B. in Wirballen, die mit Holz anſtatt mit Kohlen beladenen Tender ſieht!

Provinz zu decken, d. h. es reichten hierfür etwa die gesammten Forsten aller Art des Regierungsbezirks Breslau aus (278 755,9 ha).

Nicht allein das Inland beansprucht Grubenholz; der Export nach England, besonders aber Belgien, ist im Aufblühen begriffen. Es bietet mithin der Handel mit Grubenholz für den Privatwald mit seinen vielen jüngeren Beständen eine sehr beachtenswerthe Absatzquelle, wenn es auch keineswegs empfohlen werden soll, die ganze Wirthschaft nach derselben zuzuschneiden. ')

In demselben Maße wie die Steinkohlenbergwerke vergrößert werden, verliert der Brennholzwald seine Existenzberechtigung, gewinnt der Nutzholzwald an Bedeutung. Es weist somit der Bergbau in doppelter Weise auf die Nothwendigkeit der Nutzholzwirthschaft hin.

Außer den Gruben sind es namentlich die Cellulosefabriken und Holzschleifereien, welche große Mengen von geringen Nutzhölzern ver= brauchen und dadurch ebenfalls für den Absatz dieser sonst schwer ver= käuflichen Sortimente von Bedeutung sind. Nicht unwichtig ist in dieser Beziehung auch der steigende Bedarf der Reichspostverwaltung an Tele= graphenstangen. Sogar Nadelreiserstangen vertragen — allerdings nur unter besonders günstigen Verhältnissen — den Bahntransport; aus der hiesigen Oberförsterei bezieht ein Händler auf Grund eines Vertrages jährlich eine große Menge solcher Stangen. Unzweifelhaft dürfte es sein, daß immer mehr Verwendungsarten für geringe Holz= sortimente sich herausbilden werden. Einschlagende Versuche werden in Hülle und Fülle angestellt; besonders günstig für die Erhöhung der Nutzholzausbeute würde es wirken, wenn die Herstellung eines brauch= baren Holzfuttermehles gelingen und der „Papierstein" sich bewäh= ren sollte.

Daß die Nachfrage nach Starkholz im Steigen begriffen ist, weil der Verbrauch zunimmt, die Vorräthe sich aber vermindern, ist als selbstverständlich und bekannt nur nebenbei zu erwähnen nöthig; ebenso, daß der Absatz von Starkhölzern nach menschlichem Ermessen der sicherste bleiben wird. Es folgt hieraus, daß auch der Privatwald= besitzer bestrebt sein muß, wieder Altholzbestände zu erziehen, wenn auch nicht verlangt werden kann, daß er durchweg mit so hohen Um=

') Vergl. Abschnitt „Forstabschätzung" S. 35.

trieben wie der Staat wirthfchaften foll. Der Verbrauch der Jung=
hölzer zu technifchen Zwecken ift infofern ein wichtiger Nothbehelf, als
er vor einer Brennholz=Raubwirthfchaft mit niedrigen Umtrieben be=
wahrt; fein eigentlicher, dauernder Vortheil muß aber darin liegen, daß er
zu einer angemeffenen Verwerthung der in der Vornutzung gewonnenen
Hölzer führt.

Die Rothbuche hat bis in die neuefte Zeit hinein als faft aus=
fchließlicher Brennholzbaum gegolten, ift zum Theil aus diefem Grunde[1])
trotz ihrer ausgezeichneten waldbaulichen Eigenfchaften zurückgedrängt,
und gleich ihrer Leidens= und Gefinnungsgenoffin, der Tanne, zum
Stieffind der Waldwirthfchaft geworden. Der Preisunterfchied zwifchen
Buchennutz= (d. h. nur fchwachem) und Brennholz ift zwar vorläufig
noch ein geringerer wie beim Nadelholz, hierin ift jedoch nicht der
einzige Grund für die geringe Nutzholzausbeute unferer Buchenwal=
dungen zu fuchen; theilweife trifft auch zu, was Borggreve auf der
Verfammlung der deutfchen Forftmänner zu München (1888) aus=
führte, „daß nämlich die Buchenverwerthungs=Calamität nur für unfere
durch verkürzte Umtriebe heruntergekommenen Buchenbrennholzreviere
beftünde, es fich alfo im Wefentlichen nur darum handeln könne, daß
fchwaches, fehlerhaftes, äftiges Holz, welches nur den Namen, nicht
aber die Qualität des Nutzholzes habe, nicht verkäuflich fei.“

Daß gefchonte und fachgemäß bewirthfchaftete Buchenwaldungen
fehr wohl in der Lage find, ein hohes Nutzholzprocent, und damit eine
höhere Rente abzuwerfen, beweift der im Befitz Seiner Durchlaucht
des Fürften Bismarck befindliche Sachfenwald. Dort ift das Nutzholz=
procent von 13 % (1879) auf 56 % (1887) geftiegen, welche letztere
Zahl febft einem befferen Kiefernrevier alle Ehre machen würde.
Allerdings find die Abfatz=2c.=verhältniffe im Sachfenwalde denkbar
günftige, fo daß folche Refultate auch fernerhin als Ausnahmen zu be=
trachten fein werden; annähernde werden fich jedoch andernorts eben=
falls erzielen laffen.

Es würde hier zu weit führen, auf die Verwerthung des Buchen=
holzes im Großen näher einzugehen. Diefes Thema wird augenblicklich
in allen Fachzeitfchriften erfchöpfend behandelt; eine zufammenhängende,

---

[1]) Vergl. Abfchnitt „Waldbau“ S. 63

sehr ausführliche Uebersicht giebt die vortreffliche Broschüre des Forstassessors Schuhmacher „Die Buchennutzholzverwerthung in Preußen".[1]

Hand in Hand mit der Production fossiler Kohlen und der gesteigerten Nachfrage nach Nutzholz machte als dritter Factor die Hebung des Verkehrswesens ihren Einfluß auf die Umgestaltung der Waldwirthschaft geltend. Das prophetische Wort Friedrich Wilhelms IV. von dem Karren, der die Welt durchrollen, und den keine Macht der Erde mehr im Stande sein würde aufzuhalten, hat sich im vollsten Maße bestätigt. Vielleicht ebenso wichtig oder gar wichtiger sind für den Wald der Ausbau zweckmäßiger Canalverbindungen und die Schiffbarmachung vieler Wasserstraßen gewesen. Für die Brennholzwirthschaft war die Verkehrserleichterung freilich ein Danaergeschenk, namentlich nach Aufschluß der Gebirge und großer Strecken absoluten Waldbodens. Zum Herausschaffen aus einer Waldgegend eignet es sich wegen seiner Schwere und des geringen Werths nicht. Bernhardt berechnet, daß um denselben Heizeffect zu erzielen ein 2,35 Mal größeres — Helferich[2] nimmt sogar ein 2,7 faches — Gewicht an Holz transportirt werden muß wie an Steinkohle. Den großen Markt konnte das Brennholz sich daher trotz der neuen Verkehrswege nicht erobern, dagegen entzog ihm die leichter transportable Mineralkohle auch noch unerbittlich seine natürlichen localen Absatzgebiete. Noch 1841 schrieb von Schultes,[3] daß der Besitzer eines Waldes, in dessen Nähe sich Steinkohlengruben befänden, ein schlechter Wirth sei, wenn er auf Brennholz wirthschafte; jetzt ist er es bei Fortsetzung dieser Production fast überall, oder wird es in 20 Jahren wenigstens sicher sein.

Der Transport des höherwerthigen Nutzholzes wurde dagegen durch den Ausbau der Schienenwege und Wasserstraßen, sowie durch billige Tarife (Staffeltarife) erleichtert, und somit ein Ausgleich zwischen waldarmen und waldreichen Gegenden geschaffen. Für die in der Nähe der Verkehrscentren gelegenen Waldungen mußte sich dadurch

---

[1] Derselben sind die vorstehenden Zahlen über Nutzholzprocente im Sachsenwalde entnommen.

[2] In Schönberg's Handbuch. Bd. II. S. 263.

[3] „Anleitung zur landwirthschaftlichen Holzzucht und Waldbenutzung." Gotha 1841.

allerdings eine gewisse Concurrenz fühlbar machen; vom volkswirth=
schaftlichen Standpunkt aus überwog jedoch der Nutzen, welchen die
bessere Auswerthung der entlegeneren Waldungen mit sich brachte, diesen
Nachtheil. Nach eingetretener Verstaatlichung der Eisenbahnen würde
es am wenigsten mehr richtig gewesen sein, durch Erschwerung des in=
ländischen Verkehrs jenen schon an und für sich günstiger situirten
Waldungen das Monopol zu sichern.

Der Preis des Nutzholzes ist zwar im Vergleich zu seiner
Schwere immer noch ein so geringer, daß je nach der Lage der Pro=
buctionsorte Preisunterschiede bestehen bleiben werden — was z. B.
bei dem leichter transportablen Getreide lange nicht mehr in demselben
Maße der Fall ist — aber der Nutzholzpreis wird sich abzüglich der
Versendungskosten trotzdem fast immer höher stellen, als der Localpreis
des Brennholzes. Ungünstige Lage des Waldes darf also keineswegs
als Entschuldigungsgrund für unterlassene Nutzholzwirthschaft gelten.

Nicht minder wie der Bergbau hat auch der Eisenbahnbau einen
directen Einfluß auf die Waldwirthschaft gehabt, indem er ein ganz
neues Nutzholzsortiment, die Schwelle, creirte.

Die Brennholzerzeugung ist mithin vom national= wie privat=
öconomischen Standpunkt unvortheilhaft geworden. Für den Privat=
wald giebt vorwiegend das letztere Moment den Ausschlag und
stempelt sie zu einem nothwendigen Uebel, das die Wald=
wirthschaft zwar noch mit sich herumschleppen muß, das der
zielbewußte Leiter derselben aber auf ein Minimum zu be=
schränken hat. Um ihrer selbst willen betrieben bedeutet sie
eine Verlustwirthschaft der schlimmsten Art.

Es steht hiermit nur in einem scheinbaren Widerspruch, daß die Brenn=
holzpreise nach von Hagen=Donner in den letzten 44 Jahren in den Staats=
forsten Preußens für Buchenbrennholz um 102 %, für Nadelbrennholz um
109 % gestiegen sind. Man kann sich diese Thatsache einerseits durch die
Entwerthung des Geldes, anderseits aber auch dadurch erklären, daß eine
Menge von Holz zwar als Brennholz ge= und verkauft, in Wirklichkeit
aber als Nutzholz verarbeitet wird. Derartige Erfahrungen hat wohl
jeder Revierverwalter gemacht. So kaufen Böttcher gern Buchenscheitholz,
Schindelmacher Nadelscheit; letzteres Sortiment, auch Knüppel, werden
von Cellulosefabriken verarbeitet u. s. w. In dritter Reihe mag die

Jahrhunderte alte Gewohnheit des Brennholz kaufenden Publicums — namentlich auf dem Lande — diesem Sortiment noch manche unberechtigte Chance bieten. Einen gewissen Einfluß hat auch der geringere Einschlag von Brennholz, eine directe Folge der gesteigerten Nutzholzausbeute, gehabt. Trotzdem darf es als ganz sicher angesehen werden, daß an eine dauernde Concurrenz des Brennholzes mit der fossilen Kohle gar nicht gedacht werden kann.

Der Staat ist bemüht, im Interesse der Allgemeinheit den veränderten Verhältnissen Rechnung zu tragen.[1] Es fragt sich, ob auch der Privatwaldbesitzer in der Lage ist, sich mit seiner Wirthschaft der Zeitströmung anzupassen, d. h. durch Benutzung des Preisunterschiedes zwischen Brenn- und Nutzholz in Verbindung mit anderen Mitteln die Rentabilität des Waldes zu erhöhen, ohne dabei Producte für sich zu verwenden, welche nicht ihm, sondern seinen Nachkommen zustehen. Der im großen Durchschnitt schlechtere Boden des Privatwaldes begünstigt allerdings die Nutzholzproduction weniger wie der bessere des Staatswaldes, auch stehen nicht so viele hochwerthige Altholzbestände wie in diesem zur Verfügung. Es erscheint indessen zutreffend, daß weniger diese ungünstigeren Verhältnisse als die Wirthschaft die mangelhafte Auswerthung verschuldet haben. Besonders kann das Vorwiegen der jüngeren Bestände nicht als unüberwindliches Hinderniß einer intensiveren Nutzholzwirthschaft anerkannt werden. Es ist keinem Privatwaldbesitzer zu verdenken, wenn er vorläufig und mit Maßen jüngeres Holz schlägt, falls ihm das alte Holz fehlt, aber die Brennholzwirthschaft in solchen Waldungen ist ein sehr unrentables und dabei gefährliches Gewerbe. Man wende nicht ein, daß der Absatz der schwachen Nutzhölzer ein beschränkter ist. Das ist nur theilweise richtig, da schwaches Nutzholz in Massen verbraucht wird, mithin absetzbar ist, wie oben ausgeführt worden. Wenn auch der Preis ein niedriger ist, so stellt er sich doch immer höher, als wenn der Einschlag hauptsächlich als Brennholz aufgearbeitet wird. In der Waldwirthschaft ist, wie Danckelmann[2] entwickelt, das demokratische d. h. dasjenige Princip das

---

[1] Vergl. Abschnitt „Holzzölle.“

[2] „Die Deutschen Nutzholzzölle. Eine Waldschutzschrift.“ Berlin 1883. S. 69.

richtigere, das mit mäßigen Preisen und hohem Umsatz arbeitet, im Gegensatz zu dem aristokratischen, welches hohe Einheitsätze und geringen Umsatz erfordert. Es ist demnach auch in solchen Waldungen, welche vorläufig nur schwächere Hölzer liefern können, vortheilhafter, viel minderwerthiges Nutzholz und wenig Brennholz auf den Markt zu bringen, als nur die wenigen etwa vorhandenen Altbestände als Nutzholz zu verwerthen, das geringe Material dagegen in das Brennholz zu schlagen.

Erforderlich ist es allerdings, nicht Alles beim Alten zu lassen und in resignirter Ruhe abzuwarten, bis die Nachfrage herantritt, sondern selbst die Absatzquellen aufzusuchen und den Bezug des Verkaufsobjects durch den Käufer in jeder Weise zu erleichtern. Diese Grundsätze haben in unserem modernen Handelsverkehr allgemeine Gültigkeit, mithin auch im forstlichen Gewerbe.

Angebot und Nachfrage stehen in einem gewissen, doch nicht constanten Abhängigkeitsverhältniß zu einander. Im Allgemeinen wird zwar das erstere sich der letzteren unterzuordnen haben, ebenso gut kann die Nachfrage aber auch erst durch das Angebot hervorgerufen werden. Diese Art der Wechselbeziehung waltete z. B. bei der Einführung wichtiger Nahrungs- und Genußmittel, wie Kaffee, Thee, Zucker, Kartoffeln, Taback 2c. vor, welche früher nicht angeboten, also auch nicht gefragt werden konnten; ebenso regelt sich der Verkehr bekanntlich nach den Verkehrsmitteln und nicht umgekehrt. Manche Waldschätze verkommen oder werden nicht zur rechten Zeit genutzt,[1] weil es unterlassen wurde, die Nachfrage herbeizuführen.

Große Geschäfte schicken ihre Reisenden in alle Welt hinaus. Das kann selbst der große Waldbesitzer nicht, schon aus dem einfachen Grunde nicht, weil er keine Proben mitgeben kann. Die Hochburg des Zwischenhandels, die Börse, hat sich aus ähnlichen Gründen des Holzgeschäfts noch nicht in derselben Ausdehnung bemächtigen können wie des Getreidehandels, es stehen mithin nur einfachere aber doch wirksame Mittel zur Verfügung, um die Nachfrage anzuregen.

Bereits seit längerer Zeit erscheinen Blätter, welche lediglich der

---

[1] Ganz besonders gilt dies von dem versäumten Aushieb zurückbleibender Stämme in älteren Beständen!

Vermittelung zwischen Angebot und Nachfrage im Holzhandel dienen.[1]) Dieselben werden entweder ganz frei oder gegen Zahlung eines sehr geringfügigen Abonnementspreises zugesandt. Es kann nicht dringend genug empfohlen werden, das eine oder andere dieser Blätter zu halten. Abgesehen von den lesenswerthen kleineren forstwissenschaftlichen Aufsätzen, welche dieselben bringen, gewähren sie insofern großen Vortheil, als daraus ersehen werden kann:

1. In welcher Weise andere, erfahrene Waldbesitzer ihr Holz zweckmäßig verwerthen.

2. Ob nach dem verkäuflichen Material gerade starke Nachfrage ist, oder ob das Angebot mehr vorherrscht. Erscheinen die Chancen demgemäß nicht günstig, so kann der Waldbesitzer eventuell rechtzeitig mit dem Einschlage aufhören.[2])

3. Wie die allgemeine Lage des großen Marktes ist und wie sich die Preise stellen.

4. Welche neuen Verwendungsarten etwa Absatzquellen erschließen und bis dahin nicht bekannte, bestimmte Sortimente erfordern und schließlich

5. bieten sie dem Waldbesitzer die beste Gelegenheit, seine Waare unter Anführung der günstigen Momente — Beschaffenheit des Holzes, geeignete Verkaufsmethode, Creditgewährung, Wege, Eisenbahnen, Wasserstraßen u. dergl. — einer größeren Anzahl durchweg interessirter Leser vor die Augen zu führen.

Es ist auffallend, wie wenig Gewicht Seitens der Privatwaldbesitzer auf zweckmäßiges Annonciren gelegt wird. Der Grund kann nicht allein in dem Mangel an Handelsholz liegen.

Ein zweites sehr wichtiges Förderungsmittel der Rentabilität — weil Käufer herbeiziehend — ist die Wahl einer geeigneten Verkaufsmethode. Verfasser hat hierüber eine längere Abhandlung in der

---

[1]) Es seien hier angeführt: 1. Das „Handelsblatt für Walderzeugnisse." Gießen und Berlin. 2. Der „Allgemeine Holzverkaufsanzeiger." Hannover. (Jetzt vorzugsweise von der Staatsforstverwaltung an Stelle des Reichsanzeigers benutzt.) 3. Das „Forstverkehrsblatt." Berlin. 4. „Der Holzmarkt." Bunzlau.

[2]) Wenige Güter theilen die Eigenschaft des noch auf dem Stock befindlichen Holzes: Sich lange auf Lager zu halten und dabei i. d. R. immer werthvoller zu werden.

„Zeitſchrift für Forſt= und Jagdweſen" [1]) veröffentlicht, wird ſich daher darauf beſchränken, hier nur das Wichtigſte anzuführen.

Der meiſtbietende Verkauf nach dem Einſchlage iſt vorläufig noch die gebräuchlichſte Methode. Wo es ſich ermöglichen läßt, den ganzen Einſchlag in einzelnen Looſen und zu guten Preiſen zu ver= kaufen, iſt dieſes Syſtem das günſtigſte, ſowohl für den Käufer wie für den Verkäufer, weil es den Zwiſchenhandel am meiſten ausſchließt und damit den von einer dritten Perſon beanſpruchten Unternehmer= gewinn. Anders verhält es ſich jedoch, wenn nur die beſſeren Sor= timente leicht abſetzbar ſind; mit den ſchlechteren muß ſich der Verkäufer alsdann dem Händler auf Gnade oder Ungnade ergeben.

Mehr Garantien für eine gute Verwerthung bietet der Verkauf auf dem Stamm; entweder derartig, daß die Forſtverwaltung beſtimmt, wie lang das Holz ausgehalten werden ſoll, oder indem dieſe Be= ſtimmung dem Käufer, der ſein Gebot pro fm der Holzmaſſe abgiebt, überlaſſen bleibt. Letztere Methode verdient beim Kahlſchlagbetrieb im Allgemeinen den Vorzug. Bei natürlicher Verjüngung iſt ſie nicht wohl durchführbar, weil der Waldbeſitzer ſich das Rücken vorbehalten muß und daher das Holz nicht zu lang liegen laſſen darf.

Der Verkauf auf dem Stamm iſt, namentlich wenn er meiſt= bietend ſtattfinden ſoll, an gewiſſe Bedingungen geknüpft. Es muß wirkliches Handelsholz d. h. techniſch brauchbares Nutzholz — das Alter allein entſcheidet hierüber nicht — und in ausreichender Menge[2]) vorhanden ſein, ferner dürfen die Transportverhältniſſe nicht ungünſtig liegen. Wird dieſen Bedingungen genügt, ſo ſind die Vorzüge des Verkaufs vor dem Einſchlage ganz bedeutend:

1. Die Concurrenz iſt eine freiere.

2. Der Käufer kann mehr bieten, weil er ſehr zeitig die Gewiß= heit erwirbt, über ein beſtimmtes Holzquantum verfügen zu können.

3. Das Holz kann bald abgefahren werden, wo es den höchſten Werth hat, bildet keine Brutſtätte für Inſecten und hindert die Cultur nicht.

---

[1]) Maiheft 1887.

[2]) Vereinigungen benachbarter Waldbeſitzer zum Verkauf ihrer Schläge auf dem Stamm ſind ſehr empfehlenswerth.

4. Der Verkäufer kennt die Conjuncturen bereits vor dem Einschlage und kann denselben eventuell darnach bemessen.

5. Die geringen Taxklassen werden gut verwerthet.

6. Die Arbeit der Beamten in Bezug auf Buchführung und Schutz des eingeschlagenen Holzes wird verringert.

7. Verwechslungen können bei der Abfuhr nicht vorkommen.

Eine genaue Massencontrole und Berechnung des Preises nach dem Festgehalt ist auch bei dieser Methode Voraussetzung. Ein Verkauf ohne Massenermittelung kommt in vielen Privatforsten noch immer vor, läßt sich aber nur bei erheblichen Windbruchs= oder Insecten=calamitäten rechtfertigen, wo schleunigst geräumt werden muß; sonst wird er wohl ausnahmslos zu Ungunsten des Verkäufers abgeschlossen werden, da der Händler die Waare besser zu beurtheilen versteht.

Der Verkauf im Wege der Submission ist unter Verhältnissen, welche den öffentlichen, meistbietenden Verkauf zulassen, nicht vortheil=haft, da der richtige Preis der Waare sich nur bei dem letzteren ergiebt. Es kann jedoch nicht in Abrede gestellt werden, daß die Submission für kleinere und mittelgroße Privatreviere, welche jährlich nur wenige Schläge zum Verkauf bringen können, zweckmäßig ist.

Der freihändige Verkauf ist für gelegentliche Ausnutzung von Conjuncturen geeignet; erfolgt er zur Verwerthung von Durchforstungs=material auf Grund fester Verträge, so ist er doppelt vortheilhaft — vorausgesetzt jedoch, daß sich die Durchforstung nach dem Bedürfniß des Bestandes und nicht nach den Wünschen des Händlers richtet. Unter Umständen kann diese Verkaufsmethode auch dazu dienen, Coa=litionen der Holzhändler entgegen zu wirken.

Für Privatreviere hat der freihändige Verkauf überhaupt eine größere Bedeutung wie für den Staatsforstbetrieb. In parcellirten Privatrevieren wird dem Beamten sehr häufig der freihändige Ver=kauf von Brennholz und geringen Nutzholzsortimenten übertragen. Es ist wohl eine harte Probe für die Ehrlichkeit des Beamten, wenn er nicht nur Material, sondern auch Geld in die Hände bekommt; im Interesse der guten Verwerthung jener schwerer verkäuflichen Sortimente wird sich dieses Verfahren indessen nicht ganz umgehen lassen. Bedin=gung bleibt aber, daß der Beamte mit strengster Unparteilichkeit ver=fährt, daß von ihm eben nur jene Sortimente oder höchstens einzelne

Nutzholzstämme in dringenden Fällen verkauft werden dürfen, daß er die Preise richtig zu bemessen versteht, daß er gezwungen ist, genau Buch zu führen, und daß schließlich die Ablieferung der Geldeinnahmen unter gleichzeitiger Einreichung einer Erhebeliste in kurzen Zwischen= räumen, etwa wöchentlich, zu erfolgen hat; eventuell auch noch früher, wenn eine höhere Summe eingenommen worden ist, als die von dem Beamten in Rücksicht auf diese Verkaufsmethode zu stellende Caution beträgt.

Um Unterschleife durch doppeltes Nummeriren zu vermeiden, ist es erforderlich, daß der Vorarbeiter nicht nur auf den Schlußlohn= zetteln quittirt, sondern diese auch mit seinen eigenen Notizen vergleichen kann. Unterschleife sind in diesem Fall nur dann möglich, wenn der Beamte im Einverständniß mit seinen Arbeitern handelt, andernfalls wird er durch das Interesse dieser Leute controlirt. Der Waldbesitzer selbst hat gewissermaßen die Pflicht zur Ausübung einer besonders scharfen Controle, — so durch unvermuthete Revision der Bestände an eingeschlagenem Holz — im Interesse des einer großen Versuchung ausgesetzten Beamten.

In welcher Weise auch der Verkauf erfolgen mag, stets ist es unbedingt nöthig, daß der Käufer volles Vertrauen besitzt. Es darf daher nicht geduldet werden, daß Fehler des Holzes in irgend einer Weise absichtlich verheimlicht werden, um für den Augenblick einen höheren Preis zu erzielen. Nichts erschüttert das Vertrauen mehr, als eine böse Erfahrung in dieser Beziehung. Die Käufer bleiben in Zu= kunft fort und der Waldbesitzer trägt den Schaden.

Coulante Bedingungen innerhalb der Grenzen der Sicherheit liegen beim Holzhandel ebenso sehr im Interesse des Verkäufers wie bei jedem anderen Geschäft; hierher gehören namentlich die Gewährung von Credit und die Erlaubniß, das Holz im Walde entrinden oder bewaldrechten zu dürfen. Letzteres wird durch den § 36, 2 des Feld= und Forstpolizei=Gesetzes vom 1. April 1880 bei unbefugter Ausführung sogar mit Strafe bedroht, während es, wie Danckelmann[1]) hervorhebt, jede Begünstigung verdient. Für die Käufer wird durch beide Mani= pulationen der Transport erleichtert, für den Wald die Käfergefahr

---

1) a. a. O. S. 118.

gemindert. Das nicht unberechtigte Drängen der Holzconsumenten auf Abgabe des Holzes ohne Rinde — wie es z. B in Sachsen bereits geschieht — wird immer lebhafter.[1] Den geringsten Verlust durch nachträgliches Entrinden hat der Käufer bei Fichten und Buchen, sehr bedeutenden dagegen bei Lärchen, Kiefern, alten Tannen und Eichen.

Die Brennholztaxe ergiebt sich fast von selbst, sehr wesentlich ist dagegen die Benutzung einer zweckmäßig abgestuften Nutzholztaxe. Ueber das Princip, nach dem diese Abstufung erfolgen soll, sind die Ansichten vorläufig noch so getheilt, daß es sich empfiehlt, die Taxe einer benachbarten Königlichen Oberförsterei zu Grunde zu legen. Selbstverständlich ist dieser Anhalt kein sehr sicherer, da zu verschiedene Momente bei der Werthsbemessung des Holzes in Betracht kommen, er ist aber immer besser wie gar keiner.

Ebenso werden auch die Bedingungen für den meistbietenden Verkauf, sei er vor oder nach dem Einschlage, wie sie in den Staatsforsten zur Anwendung kommen, im Privatwalde im Allgemeinen als Richtschnur dienen können. Dieselben repräsentiren eine Summe von Erfahrungen, namentlich auch in Bezug auf die rechtliche Sicherstellung des Verhältnisses zwischen Verkäufer und Käufer. —

Das Hauptförderungsmittel des Absatzes bleibt der Wegebau; leider wird derselbe in den Privatrevieren noch immer sehr vernachlässigt, während der Staat seine Wichtigkeit längst erkannt hat. Die Communicationswege, welche innerhalb des Gutsbezirks dem gesetzlichen Zwange gemäß in Ordnung gehalten werden müssen, sind vielleicht gut fahrbar, aber für die Holzabfuhrwege geschieht fast Nichts. Dadurch werden Jahr für Jahr enorme Summen eingebüßt. Die Möglichkeit, mehr Last mit denselben Kräften bewältigen zu können, kommt bei der hohen Entwickelung der Mittel des großen Verkehrs eigentlich nur noch bei der Fortschaffung aus dem Walde in Betracht. Bei 15 km Landweg kostet der Transport eines fm Holz per Axe etwa 20 Pf. pro km. Bei einer Entfernung von 380 km (von Thorn nach Liepe) Wasserweg stellen sich die Transportkosten dagegen nur auf 0,76 Pf. pro fm und km. Bei derselben Entfernung auf der Eisenbahn auf 1,53 Pf. pro fm und km. Bei Zugrundelegung dieser —

---

[1] Vergl. z. B. Nr. 54 des „Handelsblatts für Walderzeugnisse" 1888.

Danckelmann[1]) entlehnten — Zahlen berechnet ſich demnach das Ver=
hältniß der Transportkoſten von Landweg : Eiſenbahn : Waſſerweg =
26 : 2 : 1. Nichts kann wohl mehr auf die Nothwendigkeit eines guten
Wegeſyſtems hinweiſen wie dieſe Zahlen!

Es ſind weniger die Sandwege der großen Kiefernheiden, welche
in Betracht kommen, als die Holzabfuhrwege im Gebirge. Wo ſelbſt
heute noch Brennholzwirthſchaft betrieben werden muß, — wie z. B.
in manchen total verwirthſchafteten bergigen Buchenrevieren des Weſtens,
oder wo übergroße Berechtigungen den Schwerpunkt der Wirthſchaft
verſchieben — mag der Verluſt, den die ſchlechten Wege bedingen,
nicht ſo groß ſein, wo aber in Gebirgs=Fichten= oder Tannenrevieren,
den geborenen Stätten der Nutzholzerzeugung, nur wegen der Unmög=
lichkeit der Abfuhr von Langholz eine überlebte Brennholzwirthſchaft
mit Minimal=Einnahmen fortgeſetzt wird, entgeht dem Beſitzer nicht
nur ein großer Gewinn, ſondern es trifft ihn auch mit Recht der Vor=
wurf, daß er das Nationalvermögen ſchädigt.

Ein wohlburchdachtes Wegenetz bringt ſeine Koſten nirgends ſo
ſchnell wieder ein wie gerade im Gebirge. Läßt[2]) daſſelbe ſich der=
artig conſtruiren, daß die Holzabfuhr in der Hauptſache mit nur 6 bis
7 % Fall bergab erfolgt, ſo können gewaltige Laſten bewältigt werden.
Im hieſigen Gebirgsrevier, für das der derzeitige Forſtmeiſter Denzin
ein vorzügliches Wegenetz entworfen und zum größeren Theil ausge=
baut hat, ladet ein zweiſpänniger Wagen 6 fm Nutzholz, ohne daß die
Pferde zu ſehr angeſtrengt würden.[3]) Um ſolche Erfolge zu erzielen,

---

[1]) a. a. O. S. 74.

[2]) Zu große Opfer zu bringen iſt nicht gerechtfertigt; insbeſondere iſt es
nicht zweckmäßig, um hier und da etwas Gegengefäll zu vermeiden, die neuen
Wege große Bogen beſchreiben zu laſſen. Damit iſt ein Verluſt an Zeit und Geld
verbunden. Es können ſehr wohl Fälle eintreten, wo der Fuhrmann lieber eine
kurze Strecke mit mäßiger Steigung bergan fährt, als daß er einen großen Umweg
macht. Manche Reviertheile ſind überhaupt gar nicht anders aufzuſchließen als
durch anſteigende Wege. Wer die Gebirgs=Communicationswege kennt, weiß, daß
außerhalb des Reviers dem Geſpann die Ueberwindung von Gegengefäll doch nicht
erſpart bleibt.

[3]) Die Verſammlung Deutſcher Forſtmänner ſah 1874 zu Freiburg i. B.
ſogar vierſpännige Wagen, welche 25 fm Fichtennutzholz (400 Ctr.) auf der
Chauſſee fortbewegten.

ist es allerdings erforderlich, daß nicht planlos neue Wege über Berg und Thal angelegt werden, auf denen Menschen und Thiere nach wie vor ihr Leben riskiren und doch nicht viel Holz fortschaffen können. Es muß vielmehr wenigstens für die Hauptabfuhrwege ein Plan in Form eines Wegenetzes ausgearbeitet werden, doch unter Berücksich= tigung der bereits vorhandenen brauchbaren alten Wege. Zu diesem Zweck bedarf man guter Karten, welche die Höhenunterschiede erkennen lassen. In vielen Fällen werden es sich die Waldbesitzer ersparen können, kostspielige Höhenmessungen mit dem Aneroidbarometer aus= führen zu lassen, da die vorzüglichen neuen Generalstabskarten Höhen= curven enthalten und daher für den angegebenen Zweck benutzbar sind.[1])

Wichtig ist es, wo an öffentliche Wege angeschlossen wird; denn es ist stets im Auge zu behalten, daß die Abfuhr auf möglichst kurzem Wege nach den Hauptverkehrspunkten der Umgegend zu erfolgen hat. Nicht immer wird sich dieser Anschluß unmittelbar herstellen lassen; es bleibt dann nur übrig, mit dem Netz an außerhalb des Reviers gelegene Privatwege anzuschließen. Bevor daher mit dem Ausbau begonnen wird, ist es erforderlich, diese Anschlüsse möglichst auf güt= lichem Wege[2]) durch Eintragung in das Grundbuch zu sichern.

Sind alle diese Grundlagen geschaffen, so erfolgt der Ausbau am besten nach dem jeweiligen Bedürfniß — auch dem Durchforstungs= bedürfniß! Baut man Wege aus, welche noch viele Jahre unbenutzt daliegen, so verliert man die Zinsen des dafür verbrauchten Capitals.

Was den Ausbau selbst anbetrifft, so ist es hier nicht der Ort, auf die Details näher einzugehen. Nur das Eine sei hervorgehoben, daß es nach des Verfassers Erfahrung bei Hangwegen zweckmäßiger ist, die Neigung des Querprofils nicht nach der Thal=, sondern nach der Bergseite zu legen. Ersteres erzeugt ausgewaschene Geleise, da das Wasser doch niemals direct über den Hang abfließt, sondern auf dem

---

[1]) Am geeignetsten sind die Meßtischblätter.

[2]) Es ist dieses Verfahren aus vielen Gründen practischer als die Herbei= führung einer Legal=Servitut. Vergl. wegen der letzteren A. L. R. Th. I, 22 § 3—10. Ausgabe von Rehbein und Reincke Bd. I. S. 534; auch Ziebarth „Das Forstrecht." Th. I. Berlin 1887 S. 91; ferner Beseler „System des gemeinen Deutschen Privatrechts." Berlin 1885 Bd. I. S. 384.

Wege entlang läuft; außerdem kann in scharfen Curven und bei Glatt=
eis ein Schlitten sehr leicht herunter geschleudert werden.

In der Ebene kommt es darauf an, das im Walde schwer ver=
käufliche Holz möglichst nahe an Bahnstationen oder noch besser Wasser=
straßen heranzuschaffen. Namentlich im letzteren Falle kann bei sonst
günstigen Bedingungen sogar die Brennholzanfuhr in Betracht kommen.
Größere Waldbesitzer errichten zweckmäßig Ablagen an jenen Verkehrs=
wegen und besorgen mit ihren eigenen Gespannen, welche während der
Wintermonate nicht genügende Beschäftigung haben, die Anfuhr selbst
— vorausgesetzt, daß der Schutz der Ablagen keine zu großen Kosten
verursacht:

In ganz großen Revieren kann auch wohl die Frage an den —
oder bei dem Zusammentreten mehrerer benachbarter Waldbesitzer, an
die — Besitzer herantreten, ob nicht die Anlage einer Waldeisenbahn
rentabel erscheint; eine so kostspielige Sache erfordert indessen eine ab=
solute Sicherheit, daß nachhaltig viel Holz transportirt werden kann.
Unter Umständen ist selbst im Gebirge vor Ausbau des Wegenetzes in
Erwägung zu ziehen, ob es nicht besser ist, eine Waldbahn anzulegen,
wie solche in den Staatsforstrevieren der Reichslande mit Vortheil in
Betrieb genommen sind.

Wenn Chausseen durch ihr Revier gebaut werden, so ist dies
häufig den Besitzern größerer Waldungen gar nicht angenehm; doppelt
hart erscheint es ihnen, wenn sie auf Grund des § 13 der Kreis=
Ordnung sogar noch Präcipualbeiträge leisten sollen. Die Ansichten
pflegen sich jedoch zu ändern, sowie die Holzpreise sich in Folge des
Chausseebaues zu heben beginnen.

————————

Zur Ausführung der Betriebsarbeiten bedarf der Waldbesitzer
eines geschulten, wenn möglich ständigen Waldarbeiterpersonals. Für
den kleineren Waldbesitzer wird es zwar mit Schwierigkeiten verknüpft
sein, während des ganzen Jahres, oder wenigstens in den meisten
Monaten desselben, nutzbringende Beschäftigung für seine Arbeiter zu
finden; wenn er sich indessen nicht allein darauf beschränkt, seine
Winterschläge herunterzuholzen, sondern auch im Sommer Durchfor=

ftungen, Wegebauten und andere Arbeiten der Waldpflege zur Aus=
führung gelangen läßt, so wird er für einige ständige Arbeiter längere
Zeit Beschäftigung haben, wie man geneigt ist, anzunehmen.[1]

Leute, die durch fortdauernden Aufenthalt im Walde mit diesem
verwachsen, gewinnen für ihn und seine Bewirthschaftung ein allmählich
immer größer werdendes Verständniß, das ganz wesentlich zur Erhöhung
seiner Erträge und zur Besserung seines Zustandes beitragen kann.
Man glaube nicht, daß die Arbeit des Holzschlägers eine völlig
maschinenmäßige ist; auch sie erfordert Nachdenken, ganz besonders aber,
wenn es sich um Durchforstungen oder Aushiebe in natürlichen Ver=
jüngungen handelt.

Leider werden die ständigen Waldarbeiter immer seltener, da die
Arbeiterbevölkerung nach den großen Städten drängt, wohin sie die
Beschäftigung in den Fabriken lockt. Vielleicht veranlaßte bisher dazu
auch die größere Sicherheit, welche diese Art der Arbeit insofern bot,
als für den Arbeiter bei Unfall oder Krankheit besser gesorgt war.
Der letztere Beweggrund ist fortgefallen, nachdem die Fürsorge für die
land= und forstwirthschaftlichen Arbeiter durch das Gesetz vom 5. Mai
1886 ebenfalls in den Kreis der socialpolitischen Gesetzgebung gezogen
ist. Dieses Gesetz macht nicht nur die Versicherung gegen Unfall obli=
gatorisch, sondern legt auch die Einführung der Krankenversicherung
durch Errichtung von Orts= und unter besonders günstigen Verhält=
nissen auch Betriebskrankenkassen gemäß § 2 al. 6 des Gesetzes vom
15. Juni 1883 beziehungsweise der abändernden und ergänzenden
§§ 133 bis 142 des Unfallgesetzes so nahe, daß auch die Kranken=
versicherung immer mehr Boden gewinnen wird.[2]

Der Privatwaldbesitzer hat es ferner vielmehr wie der Staat in
der Hand, durch Gewährung von Naturaldeputat oder Ackerland,[3]
sowie Beschäftigung in der Landwirthschaft zur Zeit der Arbeits=

---

[1] Vergl. Abschnitt „Allgemeine Verhältnisse" S. 6.

[2] Vergl. die Commentare zu beiden Gesetzen von v. Woedtke.

[3] Es kann richtig sein, daß Besitzer wie Arbeiter besser fortkommen, wenn
ein entsprechend höherer Lohn an Stelle der Naturalien gewährt wird. Der länd=
liche Arbeiter hat indessen einen großen Widerwillen gegen bloßen Geldlohn; man
darf auch nicht außer Acht lassen, daß Naturaldeputat den Arbeiter besser gegen
Versuchungen zu Trunk, Spiel ꝛc. schützt.

losigkeit im Forstbetriebe sich einen Stamm ständiger Arbeiter zu schaffen.

Was die Höhe der Löhne anbetrifft,[1] so bietet für dieselbe zunächst der ortsübliche Preis der Arbeit einen Anhalt. Im Vergleich zu diesem müssen jedoch die Löhne — besonders im Gebirge — höher sein (nach Danckelmann 20—30%), da für die größere Gefährdung[2] eine gewisse Prämie bezahlt werden muß; außerdem ist die Arbeit schwerer wie die gewöhnliche Landarbeit, sie erfordert eine gewisse Kunstfertigkeit und nutzt die eigenen Geräthe der Holzhauer ab. Da für die Bemessung der Stücklöhne (Werbungskosten), auf die es hier hauptsächlich ankommt, sehr verschiedene in der Art und Zeit der Arbeit liegende Verhältnisse maßgebend sind, so ist ein sehr sorgfältiges Studium derselben erforderlich, um nicht entweder Hungerlöhne zu zahlen oder zu hohe Preise, welche zur Trägheit anreizen.

Im Winter, wo andere Arbeit mangelt, werden die Löhne verhältnißmäßig geringer sein können wie im Sommer. Dieselbe Maßeinheit Holz ist im Kahlschlage leichter aufzuarbeiten, wie bei natürlicher Verjüngung, Durchforstung oder Totalitätshieben. Bei mangelhaftem Wegenetz sind höhere Rückerlöhne erforderlich, als nach dem Ausbau desselben. Holzart, Wuchsverhältnisse, Entfernung der Arbeitsstelle vom Wohnort des Arbeiters kommen ebenfalls in Betracht. So wirken viele Umstände auf die Höhe des Lohnes ein; an einem Princip muß jedoch stets festgehalten werden, daß nämlich für Nutzholz stets verhältnißmäßig höhere Löhne zu zahlen sind, wie für Brennholz. Dadurch wird das Interesse des Waldbesitzers mit demjenigen des Arbeiters verknüpft, weil der letztere alsdann durch den eigenen Vortheil — d. h. die beste Triebfeder des Handelns — dazu angehalten wird, die Nutzholzausbeute zu fördern.

Ob die Schläge stehend gerodet oder nur gestämmt werden, hängt von den Verhältnissen ab. Handelt es sich darum, schnell eine be-

---

[1] Vergl. einen Aufsatz Danckelmanns über Stufentarife für Holzhauerlöhne im Aprilheft 1888 der „Zeitschrift für Forst- und Jagdwesen.“

[2] Nach Mucke kamen im Durchschnitt der Jahre 1870—80 auf 1969 Unglücksfälle in der Landwirthschaft 3356 in der Forstwirthschaft. Lehr, „Forstpolitik“ a. a. O. S. 435.

stimmte Menge von Holz zu schaffen, oder erscheint die Rodung wegen der Gefahr der Bodenabrutschung an Hängen nicht räthlich, so wird man stämmen; sonst verdient wegen der besseren Ausnutzung des Stammes, der Bodenlockerung, der Bekämpfung gewisser Insecten und der dauernden Beschäftigung der Arbeiter das Roden den Vorzug.

Die sorgsame Arbeit im Schlage ist ein Zeichen intensiver Wirthschaft. Das souveraine Verachten von Kleinigkeiten führt gerade hier zu einer Kette von Verlusten. Ob ein Nutzende aus Bequemlichkeit auf volle Meter statt auf Bruchtheile desselben ausgehalten wird, ist ziemlich gleichgültig, werden aber bei Hunderten von Stämmen die überschießenden Bruchtheile in die Klafter geschnitten, so ist für den Waldbesitzer ein empfindlicher Verlust damit verbunden. Das Meter ist überhaupt im Walde wegen seiner großen Länge keine günstige Maßeinheit.[1] Die Försterdienstinstruction vom 23. October 1868 — bzw. die dazu nach Einführung des neuen Maßes erlassene abändernde Vorschrift — bestimmt deßwegen im § 52, daß in den Staatsforsten in der Regel auf gerade Zehntel ausgehalten werden soll.

Hohe Stöcke zu belassen, ist eine weit verbreitete Unsitte der Holzhauer. Am sichersten bekämpft man dieselbe durch verhältnißmäßig geringe Stücklöhne für Stockholz. Da die Accordsätze für dieses Sortiment wegen seiner schwierigen Gewinnung an und für sich hoch bemessen sein müssen, so liegt es im Interesse des Arbeiters, möglichst viel von dem werthvollsten Stammtheil am Stock zu belassen. Beim Abstämmen — namentlich wenn viel Schnee liegt — erleichtert ihm ein höherer Ansatz der Säge die Arbeit. Auf diese Weise kann 1 % und mehr des besten Nutzholzes vollständig verloren gehen.

Beim Fällen ist es von großer Bedeutung, ob mehr die Axt oder die Säge zur Anwendung kommt. Der Gebrauch der ersteren erzeugt viel Abfall und sogenannte Bärte, welche nachträglich abgeschnitten werden müssen.

Ein Schlag, in dem die Stämme kreuz und quer liegen, sieht nicht nur liederlich aus, sondern es ist auch sicher mancher Stamm durch das Aufschlagen auf bereits gefällte angebrochen oder eingesplittert.

---

[1] von Kujawa im „Jahrbuch des Schlesischen Forstvereins" 1874.

In gebirgigen Gegenden werfen die Holzhauer die Stämme gern bergab, weil ihnen das Rücken dadurch erleichtert wird; bei Brennholzwirth= schaft schadet dieses Verfahren nicht viel; im Nutzholzwalde bedingt es große Verluste. Ebenfalls im Gebirge muß man, falls schmale Rand= schläge am Hange herunter nicht möglich sind, oben mit dem Hiebe beginnen, weil bei umgekehrter Reihenfolge die Stämme aus den spä= teren Schlägen in die Cultur rutschen.

Beim Setzen des Brennholzes sortiren die Arbeiter, wenn sie sich unbeobachtet glauben, nicht genügend aus, so daß die faulen Stücke allen Stößen ein schlechtes Aussehen geben, auch schmuggeln sie gern zu kurze Stücke in die Klafter, welche innen große Hohlräume lassen u. s. w. Der Besitzer thut gut, die Ausführung der Schläge nicht ganz allein den Beamten zu überlassen, sondern gelegentlich selbst eine recht sorgfältige Controle auszuüben.

Ist für das Reisig der Schläge kein guter Absatz, so bietet sich vielleicht Gelegenheit, dasselbe an Selbstwerber gegen Zahlung einer kleinen Summe pro rm abzugeben. Durch das Zusammenschleppen wird älteren Personen und Kindern eine lohnende Beschäftigung geboten und gleichzeitig dem Holzdiebstahl ein Riegel vorgeschoben. Ebenso kann es zweckmäßig sein, die Stöcke zur Selbstwerbung auszugeben; letztere muß jedoch rechtzeitig stattfinden, d. h. bevor der Rüsselkäfer den Stock verlassen hat.

Jeder Versuch der Holzhauer, vermittels privilegirten Forstdieb= stahls einen privaten kleinen Holzhandel zu betreiben, muß natürlich im Keim erstickt werden, doch liegt es im beiderseitigen Interesse, die Mitnahme von Feierabendholz unter Aufsicht zu gestatten.

Die Rentabilität der Privatforsten ist vorläufig im großen Durch= schnitt noch eine geringere wie die der Staatswaldungen. Es liegt dies selbstverständlich nicht etwa in den Besitzverhältnissen, sondern nur in dem Zustand und der Wirthschaft begründet. Es spricht sogar eine ganze Reihe von Gründen forstpolitischer Natur dafür, daß ceteris paribus die Privatwaldwirthschaft nachhaltig eine höhere Rente abzu= werfen vermag wie der Staatsforstbetrieb.

Die Aufgaben der Staatsforstverwaltung werden am klarsten folgendermaßen präcisirt:[1]

„Die Preußische Staatsforstverwaltung bekennt sich nicht zu den Grundsätzen des nachhaltig höchsten Bodenreinertrags unter Anlehnung an eine Zinseszinsrechnung, sondern sie glaubt, im Gegensatz zur Privatforstwirthschaft, sich der Verpflichtung nicht entheben zu dürfen, bei der Bewirthschaftung der Staatsforsten das Gesammtwohl der Einwohner des Staats in's Auge zu fassen, und dabei sowohl die dauernde Bedürfnißbefriedigung in Beziehung auf Holz und andere Waldproducte, als auch die Zwecke berücksichtigen zu müssen, denen der Wald nach so vielen anderen Richtungen hin dienstbar ist."

Damit ist der Hauptunterschied in den Zwecken der Staats= und Privatwaldwirthschaft gegeben, selbst wenn man von reinertragstheoretischen Erörterungen ganz absieht. Der Staat ist nicht nur Fiscus, er steht auf einem höheren Standpunkt. In der Privatwaldwirthschaft hat dagegen der vom Eigenthumsbegriff untrennbare Egoismus seine volle Berechtigung; selbst dann noch innerhalb der gesteckten Grenzen, wenn zu Gunsten der Allgemeinheit eine gewisse Einschränkung der freien Wirthschaft unabweisbares Bedürfniß geworden ist.

Obwohl auch der Staat im Interesse der Steuerzahler darauf angewiesen ist, aus den Staatsdomainen eine möglichst hohe nachhaltige — oder besser gesagt „berechtigte" — Einnahme zu ziehen, so würde es doch fehlerhaft sein, wenn er einseitig mercantilistischen Theorien huldigen wollte. Für ihn ist es nicht gleichgültig, an wen er die Producte des Waldes verkauft. Wenn auch die Händler den größeren Theil des Einschlages erwerben werden, so geht doch die Befriedigung des Localbedarfs und die Unterstützung gewisser, namentlich kleiner Industrien vor, deren Erhaltung aus volkswirthschaftlichen Gründen wichtig ist. Von dem Privatwaldbesitzer eine gleiche Rücksichtnahme zu fordern, wäre unbillig; mit vollem Recht betrachtet er den Käufer als den genehmsten, welcher ihm das meiste Geld zahlt. Berücksichtigt er den Localbedarf, so thut er es ebenfalls nur im eigenen Interesse, weil er dadurch die besten Preise erzielt, um dem Holzdiebstahl vorzubeugen, sich Feldjagden zu sichern u. dergl.

---

[1] von Hagen=Donner „Die forstlichen Verhältnisse Preußens." 2. Aufl. S. 148.

In arbeitslosen Zeiten liegt zunächst dem Staat, dann den größeren oder kleineren Communalverbänden die Verpflichtung ob, durch Ausführung von Wegebauten u. s. w. für die Beschäftigung desjenigen Theils der Bevölkerung zu sorgen, dessen ganzes Capital in der Arbeit besteht; auch selbst dann, wenn die Früchte dieser Arbeit nicht sofort hervortreten oder verhältnißmäßig theuer bezahlt werden sollten. Den Privatwaldbesitzer wird vielleicht sein eigenes Interesse in solchen gefährlichen Zeiten zu einer ähnlichen Handlungsweise treiben, verpflichtet ist er aber dazu nicht.

Der Wald kann nicht verpachtet werden, der Wald besitzende Staat[1]) tritt mithin als Fiscus in die Reihe der Verkäufer des Rohmaterials. Hierbei muß es jedoch — vereinzelte Ausnahmen abgerechnet[2]) — sein Bewenden haben. Die Veredlung überläßt der Staat besser der Privatindustrie, theils weil er theurer arbeiten würde, theils aber — und das ist ohne Zweifel das viel wichtigere Motiv — weil die ewige Persönlichkeit des Staats vermittels ihrer nie versiegenden Mittel eine gefährliche und ungesunde Concurrenz machen würde. Die Verarbeitung des Holzes in eigenen Sägemühlen ist in vielen Privatrevieren in Gebrauch, eine fast noch größere Bedeutung hat jedoch die Verwerthung der geringen anfallenden Nutzhölzer durch Umwandlung in Holzstoff, vielleicht auch Cellulose[3]), in eigenen Fabriken. Es ist klar, daß nur die Besitzer großer Forsten oder Vereinigungen von kleineren benachbarten Waldbesitzern hierbei in Frage kommen können; auch ist das Vorhandensein einer ausreichenden Wasserkraft als nöthig zu betrachten. Ist ein solcher Betrieb für lange Zeit gesichert, so ist der Vortheil ein dreifacher. Zunächst fällt auch der industrielle Unternehmergewinn dem Waldbesitzer zu, dann entzieht dieser

---

[1]) Es ist hier nicht der Ort, über die Berechtigung der Staatsforstwirthschaft zu philosophiren. Es sei nur erwähnt, daß selbst ein ausgesprochener Gegner der „Staatsindustrien“ — Rentzsch — in Bezug auf den Waldbesitz eine ganz entschiedene Ausnahme macht. Vergl. im Uebrigen Lehr, „Forstpolitik“ im „Handbuch der Forstwissenschaft.“

[2]) Im Harz existiren z. B. noch sechs fiscalische Sägemühlen.

[3]) In Preußen waren vorhanden 1887: Holzstofffabriken: 152 (in Sachsen: 214; in ganz Deutschland: 475). Cellulosefabriken: 32 (in ganz Deutschland 57). Vergl. „Forstliche Blätter“ 1889 Heft 2.

dem Markt diejenigen Sortimente, welche selbst schwer verkäuflich den Preis der besseren drücken, und drittens kann er die nöthigen Maß=regeln der Waldpflege unbekümmert um die Absatzverhältnisse für das Rohmaterial zur Ausführung bringen.

In der Landwirthschaft hat man längst die Bedeutung der eigenen Verarbeitung der Rüben in Zuckerfabriken, der Kartoffeln in Brenne=reien und Stärkefabriken, der Milch in Molkereien und Käsereien er=kannt, in der Forstwirthschaft wird dieses wichtige Mittel zur Erhöhung der Erträge noch nicht genügend gewürdigt. Allerdings darf nicht ver=kannt werden, daß der Waldbesitzer das Risico, auch in schlechten Zeiten eventuell mit Verlust fortarbeiten zu müssen, auf sich zu nehmen hat.

Die Verkohlung des Holzes ist mit einer gewissen Reserve unter die Veredlungsarten zu rechnen; sie darf nur ultima ratio sein. Im Allgemeinen ist die Köhlerei veraltet.

Die Speculation findet in der schwerfälligen Waldwirthschaft ein unfruchtbares Feld; immerhin ist aber die Wirthschaft im Privatwalde beweglicher wie im Staatswalde. Der Staat ist schon in Rücksicht auf den Staatshaushaltsetat gezwungen, ein bestimmtes Quantum jährlich zu schlagen, der Privatwaldbesitzer kann beliebig sparen oder überhauen — letzteres soweit es ihm Gesetz und Gewissen erlauben —, je nach=dem, ob die Conjuncturen schlecht oder gut sind.

Der Staat hat große Ausgaben für forstliche Arbeiten im Landes=culturinteresse — Aufforstung der Meeresdünen, Versuchswesen, Beauf=sichtigung der unter dem Gesetz stehenden nicht staatlichen Waldungen — für den Privatwaldbesitzer fallen dieselben fort.

Der Staat muß jede Arbeitsleistung kaufen, der Privatwaldbesitzer kann unbeschäftigte Kräfte seines Landguts (z. B. Gespanne) im Walde ausnutzen.

Bei intensivem Betrieb kann im Privatwalde manches ästige, krumme Stück Holz in der eigenen Wirthschaft mit Vortheil verwendet werden, das einen Käufer nicht finden würde. In Bezug auf die eigene Verwerthung heißt es jedoch vorsichtig sein; es liegt die Gefahr zu nahe, gute Waare für den eigenen Nutzholzbedarf zu zerschneiden, oder gar als Brennholz aufzuarbeiten, während es vielleicht vortheil=hafter sein kann, den eigenen Bedarf zu kaufen, die Erzeugnisse des Waldes dagegen für den Verkauf zu reserviren.

Ob die Staatsforsten auch jetzt noch, wie Roscher 1854 annahm, mehr mit Servituten, dem Haupthinderniß einer intensiven Waldwirth= schaft, belastet sind, wie die Privatforsten, kann nach den fortgesetzten Ablösungen derselben [1]) zweifelhaft erscheinen.

Schließlich ist es noch ein Grund mehr äußerlicher Natur, welcher der höheren Rentabilität der Privatforsten Vorschub leistet; es ist dies ihre in der Regel parcellirtere Lage [2]) — entsprechend ihrer Entstehung, oder besser ausgedrückt: Erhaltung — gegenüber den mehr geschlossenen Staatswaldungen. Dadurch werden wohl unter Umständen die Schutz= kosten erhöht, bei der besseren Lage zu verschiedenen Ortschaften pflegt jedoch dieser Nachtheil durch die günstigen Absatzverhältnisse mehr wie ausgeglichen zu werden. —

Die geregelte und intensive Forstbenutzung bleibt nach wie vor der Kern der Forstwirthschaft, sie ist gleichzeitig aber auch das beste Mittel zur Erhaltung der Wälder. Ein guter Haushalter wird nicht das Capital angreifen, wenn es ihm reichliche Zinsen trägt.

b. Die Nebennutzungen.

Der Gegensatz zwischen allgemein= und privatwirthschaftlichem Interesse tritt nirgends so scharf hervor, wie bei der Stellungnahme der Waldbesitzer zur Ausübung der Nebennutzungen. Dem eigenen — wirklichen oder vermeinten — Vortheil werden vielfach die weitgehendsten Concessionen gemacht; dem gegenüber steht ebenso häufig ein strenges Verbot auch der unschädlichsten Nebennutzungen. So lange keinerlei gesetzliche Einschränkungen vorhanden sind, ist der rein privatwirthschaft= liche Standpunkt als berechtigt anzuerkennen, ob aber in diesem Falle auch als richtig, ist eine andere Sache.

Einerseits schädigt eine übermäßige Ausbeutung der Neben= nutzungen den Wald — in erster Reihe die Erziehung von Nutzholz — so daß der geträumte Vortheil sich in das Gegentheil verwandelt, um

---

[1]) Vergl. von Hagen=Donner a. a. O. S. 129 und Bericht des Herrn Ministers 2c. 2c. S. 203.

[2]) Nur die Lage wird betont; nicht etwa, als ob der kleinere Wald mit größerem Vortheil bewirthschaftet werden könnte wie der größere.

so mehr als bei dem heutigen Stande der landwirthschaftlichen Cultur der Werth von Streu, Weide u. s. w. nicht mehr so groß ist wie früher. Anderseits erlaubt der Geist der Zeit kein schroffes Abschließen. Aus der socialpolitischen Gesetzgebung der Neuzeit kann man in all und jeder Beziehung viel lernen.

Es giebt einige Nebennutzungen, deren Ausübung dem Walde unmittelbar in keiner Weise schadet, mittelbar wohl unter Umständen, doch bei ausreichender Controle nicht derartig, daß sie deßhalb ganz untersagt werden müßte.

Obenan steht die Nutzung von Beeren und Pilzen, deren volkswirthschaftliche Bedeutung eine ganz eminente ist. Am besten beweisen dies einige Zahlen. Nach Danckelmann[1]) betrug der Verdienst, welchen sich arme Leute durch Sammeln von Beeren und Pilzen allein in den Lehrforsten der Forstakademie Eberswalde im Sommer 1882 verschafften, gegen 45 000 Mark. Nach von Hagen-Donner[2]) giebt es am Harz, in Thüringen, Schlesien 2c. Handlungshäuser, welche mit eingekochten Kronsbeeren, Heidelbeeren und Himbeersaft Geschäfte betreiben, deren Umfang den Jahresbetrag von mehr als 60 000 Mark erreicht. Bedenkt man nun, daß die vielen Millionen, welche zweifellos in unserem Vaterlande jährlich durch Sammeln von Beeren und Pilzen verdient werden, ganz vorwiegend in die Taschen der Armen fließen, daß an nationaler Arbeit durch das Sammeln wenig verloren geht, weil besonders alte Leute und Kinder sich dabei nützlich machen können, daß die Pilze wegen ihres reichen Stickstoffgehalts in Wahrheit das Fleisch der Armen genannt werden dürfen,[3]) daß die Fabrikation von Heidelbeerwein sehr wohl geeignet ist, dem Schnapsconsum entgegen zu arbeiten, so muß man nothgedrungen zu der Ueberzeugung gelangen, daß ein Waldbesitzer, welcher nicht nur in sondern auch mit seiner Zeit lebt, jene im Allgemeinen unschädliche Nutzung nicht gänzlich untersagen darf.

Die Gesetzgebung wird daher im Princip auch den richtigen Weg

---

[1]) „Die Deutschen Nutzholzzölle." Berlin 1883.

[2]) a. a. O. S. 60.

[3]) Wegen der hochwerthigen Trüffel vergl. den Bericht des Herrn Ministers für Landwirthschaft 2c. S. 198.

beschritten haben, wenn sie zunächst im Gegensatz zu der Auffassung des Holzdiebstahlsgesetzes vom 2. Juni 1852, trotz der im Uebrigen so sehr viel schärferen Bestimmungen des Forstdiebstahlsgesetzes vom 15. April 1878, das unbefugte Sammeln von Beeren, Pilzen und Kräutern ausdrücklich nicht unter dieses Gesetz stellte, ebenso auch davon absah, es im Feld- und Forstpolizeigesetz mit Strafe zu bedrohen, vielmehr die Regelung der Materie eventuell zu erlassenden Polizeiverordnungen anheimstellte. [1]

Einen ähnlichen Standpunkt nimmt die Ablösungsgesetzgebung ein. Das Recht zum Sammeln von Beeren und Pilzen gehört zu den gelegentlich ablösbaren Waldgrundgerechtigkeiten, d. h. solchen, welche nur in Verbindung mit einer anderen Gemeinheitstheilung abgelöst werden können, bei denen ferner der Beweis zu führen ist, daß jene Servitut der wirthschaftlich zweckmäßigen Benutzung hinderlich ist. [2]

Das Bild hat freilich auch eine Kehrseite. Der fast mühelose Verdienst, das Umherlungern im Walde reizen manchen Tagedieb, die Arbeit zu verlassen und in den Wald zu gehen. Dabei liegt dann die Versuchung zum Holz- und Wilddiebstahl nahe. Wenn der Waldbesitzer sich den Besuch derartiger Leute energisch verbittet, eine scharfe Controle einführt, es nicht duldet, daß ihm die Schonungen zertreten werden — leider wachsen Preißel-, Erd- und Himbeeren meist auf diesen — so kann ihm das kein Mensch verdenken.

Nicht ganz so unschädlich ist die Nutzung des Raff- und Leseholzes, da dasselbe nach neueren Untersuchungen verhältnißmäßig viel wichtige mineralische Nährstoffe enthält, welche dem Boden entzogen werden. Die hohe Bedeutung der Nutzung für die ärmeren Klassen der Bevölkerung überwiegt jedoch diesen Schaden — abgesehen vielleicht von den ärmsten Sandböden. Danckelmann [3] stellt folgende Berechnung an: Nach mäßigen Veranschlagungen liefert der Wald pro Jahr und Hectar durchschnittlich 0,5 fm Raff- und Leseholz. [4] Der

---

[1] Vergl. die Commentare von Oehlschläger und Bernhardt zum F. D. G. S. 8 und von Frh. von Bülow und Sterneberg zum F. u. F. P. G. S. 52.

[2] Danckelmann „Die Ablösung und Regelung der Waldgrundgerechtigkeiten." I. Theil Berlin 1880 S. 121.

[3] „Die Deutschen Nutzholzzölle." Berlin 1883.

[4] Werneburg (Albert „Lehrbuch der Staatsforstwissenschaft." Berlin 1875.

Brennbedarf einer Tagelöhnerfamilie wird auf 10 fm pro Jahr ange=
nommen; daraus ergiebt sich, daß der deutsche Wald mit nahezu
7 Millionen Festmetern den Brennbedarf für 700 000 Arbeiterfamilien
zu liefern vermag. Die Waldungen Preußens mit 8 146 159,7 ha
mithin für rot. 407 000 Arbeiterfamilien.

Der Geldwerth des gesammelten Holzes entspricht dem Arbeits=
aufwand zwar in keiner Weise — nach Rentzsch nicht zum vierten
Theil — indessen muß auch hier wieder in Betracht gezogen werden,
daß die Sammler von Raff= und Leseholz einer anderen productiven
Arbeit oft nicht fähig sind.

Die Raff= und Leseholznutzung erfordert eine noch schärfere Con=
trole wie die Beeren= und Pilznutzung, um Uebergriffen jeder Art
vorzubeugen. In den meisten Fällen wird sich daher die Erlaubniß
nur auf wirkliches Raff= und Leseholz, nicht aber auf das Ausreißen
trockener Stangen zu erstrecken haben. Sehr schädlich ist die Unsitte,
trockene Aeste mit einem Haken abzubrechen. Die Bruchstellen bilden
vorzügliche Angriffspunkte für parasitische Pilze. Die Beschränkung
der Nutzung — gegen Ausgabe von Zetteln — auf gewisse Tage und
Orte, der Ausschluß junger, rüstiger Leute, das Verbot, schneidende
Werkzeuge mitzubringen, sowie des Handels mit dem gesammelten Holz,
verstehen sich von selbst. Wenn der Waldbesitzer zur Brunftzeit über=
haupt keine Leseweiber im Revier haben will, so ist das ebenfalls ein
sehr gerechtfertigter Wunsch.

Ein sehr gutes Mittel dem Ueberhandnehmen des Raff= und Lese=
holzsammelns entgegen zu wirken, ist die oben[1]) erwähnte Abgabe des

---

S. 99) normirt den Ertrag aus dem Buchenwalde auf 0,57 fm; aus dem Fichten=
Gebirgswalde auf 0,67 fm. Gayer („Die Forstbenutzung." 6. Aufl. S. 492) schätzt
den durchschnittlichen Leseholzertrag auf 12 bis 18 % des regulären Holzeinschlags.

Rentzsch („Der Wald im Haushalt der Natur und Volkswirthschaft." Leipzig
1862 S. 89) berechnet pro 20 Morgen Hochwald durchschnittlich jährlich 3—6 Thaler
Werth des Leseholzes.

In dem vom Verfasser verwalteten Revier müssen jährlich gegen 600 Raff=
und Leseholzzettel ausgegeben werden. Da die Größe desselben noch nicht 3300 ha
beträgt, ist anzunehmen, daß alle jene Zahlen für hiesige Verhältnisse noch viel zu
niedrig gegriffen sind.

[1]) Abschnitt „Forstbenutzung" S. 98.

Reisigs in den Schlägen zur Selbstwerbung. Das Mittel von Salisch's[1] „den wirklich Bedürftigen — aus reinem Egoismus — etliche Raum- meter Knüppelholz vor die Thür zu fahren," dürfte doch nicht so leicht durchzuführen sein.

Wo die Nutzung einmal eingebürgert ist, kann sie nicht so ohne Weiteres aufgehoben werden; dem Diebstahl würde Thür und Thor geöffnet, ganz abgesehen von anderweitigen üblen Folgen.

Viel bedenklicher ist schon die landwirthschaftliche Zwischennutzung. Daß dieselbe auf kräftigem Boden möglich, auch vortheilhaft ist, be- weist die Haubergswirthschaft und der vorzügliche Wuchs der im Strom- gebiet im Waldfeldbaubetrieb erzogenen Eichen. Auf Mittel- oder gar armen Böden ist der dauernde Nachtheil dagegen ein sehr erheblicher. Das Nährstoff- und Humuscapital, das der Wald mühsam allmählich angesammelt hat, verschwindet, und der Boden wird derartig ungünstig verändert, daß der nachgezogene Bestand sich ganz so verhält, als wenn er auf altem Ackerboden angelegt worden wäre. Wie viele Tausende von Hectaren absoluten Waldbodens, welche ursprünglich ihrer Bestim- mung erhalten bleiben sollten, durch zu lang ausgedehnte landwirth- schaftliche Zwischennutzung in Unland übergeführt worden sind, mag dahin gestellt bleiben. Es ist wahr, diese Art des Betriebs hat etwas Bestechendes, weil sie eine billige Cultur gestattet, manchmal sogar recht erhebliche Ueberschüsse abwirft, eine sehr gründliche Lockerung und Reinhaltung des Bodens bewirkt und Ausgabe von Land an ständige Waldarbeiter ermöglicht. Die Nachtheile stellen sich aber doch später zur Evidenz heraus; es muß daher vor der landwirthschaftlichen Zwischennutzung auf nicht sehr kräftigem Boden gewarnt werden.

Die Bedeutung der Waldweide reicht nicht mehr entfernt an die- jenige früherer Zeiten heran. Es liegt dies theilweise in der weiteren Ausdehnung des gleichaltrigen Hochwaldes begründet, theils in den Aenderungen, welche sich im Betrieb der Landwirthschaft vollzogen haben.

Der Hochwaldbetrieb begünstigt die Waldweide nicht; Mittel- und Niederwald vermögen wenigstens die 5—10fache Futtermenge auf gleicher Fläche zu liefern.[2] Die Schonungsflächen müssen selbst-

---

[1] „Forstästhetik" S. 154.
[2] Gayer a. a. O. S. 470.

verständlich aus dem Weidebezirk ausscheiden, in den geschlossenen
Stangenorten wächst kein Gras, es bleiben mithin nur die älteren
Bestände lichtkroniger Holzarten übrig; doch auch in diesen ist der
Graswuchs ein geringerer geworden. Das andauernde Sinken des
Grundwasserspiegels ist sicherlich nicht ohne Einfluß darauf gewesen.

In der Landwirthschaft haben sich seit 100 und mehr Jahren
große Umwandlungen vollzogen, welche die Bedeutung der Waldweide
abschwächten. In fruchtbaren Gegenden war dieselbe von Hause aus
entbehrlicher; in ärmeren wies dagegen der Wiesenmangel vielfach auf
den Wald hin. Dies hat sich geändert, seitdem der Anbau von
Futterkräutern mehr und mehr in Aufnahme kam, so daß die Stall=
fütterung auch in diesen Gegenden möglich wurde. Mit dem Steigen
der Bevölkerung occupirte die Landwirthschaft ein Stück Waldland
nach dem anderen, und zwar wurden dabei die Ansprüche an die
Bodenkraft immer tiefer geschraubt. Sollte der Betrieb der Land=
wirthschaft auf diesen Geländen — besonders nachdem die Kartoffel
ihren Eroberungszug durch Deutschland angetreten — lebensfähig
bleiben, so bedurfte er großer Mengen animalischen Düngers, welche
bei Benutzung der Waldweide verloren gingen. In Bezug auf die
letztere hat mithin die Einführung des Kartoffelbaues genau die ent=
gegengesetzte Wirkung gehabt wie auf die Streunutzung!

Wurde die Waldweide nicht regelmäßig ausgeübt, so stellten sich
Erkrankungen des Viehs (z. B. das Rothnetzen des Rindviehs) ein.
So ist die Waldweide in den cultivirteren Gegenden volkswirthschaftlich
unwichtig geworden; doch giebt es immerhin noch große Gebiete, in
denen sie für die Bevölkerung Lebensbedingung geblieben ist. Es sind
dies arme Heidegegenden und die Hochlagen des Gebirges. Hier
würde es unrichtig sein, die Waldweide gänzlich zu inhibiren; die
nächste Folge würde wahrscheinlich der Verlust der Waldarbeiter sein,
ganz abgesehen von Waldbränden, welche sich erfahrungsmäßig nach
plötzlichem Ausschluß der Bevölkerung von Nebennutzungen einzustellen
pflegen.

Wo natürliche Verjüngung betrieben wird, ist die Waldweide sehr
schädlich, wo dagegen im Hochwaldkahlschlagbetrieb gewirthschaftet wird,
ist der wirthschaftliche Nachtheil — Viehsteige im Gebirge, Zu=
treten von Gräben, Verbeißen, Entnahme des Grases — weniger be=

deutend, um so mehr, als demselben einige Vortheile — Verjagen der Mäuse, Düngung des Waldbodens durch die Excremente — gegenüberstehen. Unangenehmer ist die Störung, welche mit der Waldweide verbunden ist. Pferd und Ziege gehören nicht in den Wald, auch das Schaf ist nach der Ansicht der meisten Forstleute im Walde sehr schädlich, doch geht die Zucht desselben mit steigender Cultur und unter dem Druck der überseeischen Concurrenz so wie so schon zurück,[1]) so daß es nur noch wenig in Betracht kommt. Das Rindvieh schadet am wenigsten, vorausgesetzt, daß gewisse Vorsichtsmaßregeln nicht außer Acht gelassen werden.

Vor allen Dingen sind bei jeder Art der Waldweide Brandflächen in Schonung zu legen, sonst brennt es bald an allen Ecken und Enden, denn auf den Brandflächen wächst bekanntlich das beste Gras. Die Weide darf im Frühjahr nicht zu zeitig beginnen, weil das Gras fehlt und die Triebe noch nicht verholzt sind; ebenso darf sie im Herbst nicht zu lange ausgedehnt werden, weil das Gras dann hart ist, und das Vieh daher größere Neigung zum Verbeißen hat. Der Hirt muß unbedingt zuverlässig sein; in den ersten Tagen des Weidegangs ist für Hilfskräfte zu sorgen, weil dann das Vieh am unbändigsten ist.

Vortheilhaft ist der Schweineeintrieb. Im Laubholz sorgen die Schweine für Bodenverwundung, in den Nadelwaldungen vertilgen sie schädliche Insecten. Zu bedauern ist es daher, daß das Austreiben der Schweine so nachgelassen hat; man muß noch Geld und gute Worte zugeben, um überhaupt Schweine in den Wald zu bekommen.

Nicht ganz so wie die Waldweide hat die Grasnutzung an Bedeutung verloren, weil viel kleine Leute nach wie vor auf den Wald angewiesen sind, um sich das Futter für ihre Ziege oder Kuh zu verschaffen. Die rege Nachfrage nach Graslosen bei Verpachtungen beweist dies. Es ist daher nicht räthlich, der ärmeren Bevölkerung jede Gelegenheit, im Walde Gras zu werben, zu ent-

---

[1]) von der Goltz (Schönbergs „Handbuch der politischen Oekonomie" Bd. II. S. 13) sagt: „Mit einem Worte gesagt, die Schafhaltung eignet sich vorzugsweise für Länder, welche in ihrer landwirthschaftlichen und allgemeinen Cultur noch wenig entwickelt sind."

ziehen. Bruchränder, Einsenkungen, Wege und Gestelle sind dafür sehr geeignet.

Liegt das Bedürfniß für eine Abgabe von Waldgras nicht vor, geschieht dieselbe daher nur, um eine Geldeinnahme zu erzielen, so kann dieses Verfahren nur unter ganz besonders günstigen Verhältnissen — in Stromniederungen — gerechtfertigt sein, andernfalls bedeutet es eine verfehlte Speculation. Nicht nur, daß durch ungeschicktes Aus=schneiden manche Pflanze beschädigt wird, durch die vollständige — viel gründlichere wie bei der Waldweide — Entnahme des Grases werden dem Boden auch sehr große Mengen mineralischer Nährstoffe ent=zogen. Pro Jahr und Hectar entziehen nach Borggreve [1])

	Gesammtasche.	Kali.		Phosphorsäure.	
Kiefernholzzucht . .	30 Pfd.	2—3	Pfd.	1—2	Pfd.
Kiefernstreunutzung .	90 „	5—7	„	8—10	„
Buchenholzzucht . .	60 „	8—10	„	6—8	„
Buchenstreunutzung .	300 „	20—25	„	15—20	„
Heuernte	600 „	100—200	„	40—80	„
Weizenernte . . .	400 „	50—100	„	30—60	„

Diese Zahlen bedürfen keines weiteren Commentars!

Die Vortheile, die das Ausschneiden des Grases zu Nutzzwecken für das Gedeihen der Cultur haben soll, sind zweifelhafter Natur; im Sommer übt der Graswuchs eine wohlthätige Beschattung aus; vom Spätherbst ab wird er schädlich, dann will das saft= und kraftlose Gras aber Niemand mehr haben.

Die wichtigste, weil verbreitetste Nebennutzung ist die Streunutzung.

Verfasser glaubt sich jedoch gerade in Bezug auf diese kurz fassen zu dürfen, weil unendlich viel darüber geschrieben ist und neue Seiten der Streufrage kaum abgewonnen werden können. Die Forstleute sind keine Freunde der Streunutzung. Diese Abneigung ist nur zu be=gründet; aber man geht vielleicht doch zu weit, wenn man jede Streu=nutzung im Bestande von vornherein verurtheilt. Es giebt gewisse Verhältnisse, welche es selbst für den größeren Waldbesitzer vortheilhafter erscheinen lassen, wenn er etwas Streu am richtigen Ort abgiebt, als

---

[1]) „Die Holzzucht.“ Berlin 1885 S. 13.

wenn er auf die Gegenleistungen verzichtet und sich die Streu am un=
rechten Ort stehlen läßt.

Obwohl der Gelderlös für verkaufte Streu recht bedeutend sein
kann,[1] so geschieht die Abgabe doch in weitaus den meisten Fällen in
den größeren Privatrevieren nur aus Noth. Von 120 großen
Forstverwaltungen Schlesiens, welche den größten Theil des Forstareals
dieser Provinz vertreten, versicherten auf eine diesbezügliche Anfrage 96:
„Die Streuabgabe erfolgt nicht vornehmlich zur Erzielung von Geld=
einnahmen, sondern nur nothgedrungen aus anderen Gründen.“ In
derselben Provinz werden von 467 500 ha Waldfläche jährlich
nur 2,45 % zur Streunutzung herangezogen.[2] In den großen und
selbst mittleren Privatforsten anderer Provinzen wird das Verhältniß
nicht viel anders sein. Um so schlimmer sieht es freilich im kleinen
und kleinsten Parcellenwalde aus.

Eine mäßige, selten wiederkehrende Streunutzung am rechten Ort[3]
und zur rechten Zeit bedingt noch nicht nothwendig den Ruin des
Waldes,[4] wohl aber würde eine plötzliche Einstellung der Abgabe, wo
sie bisher erfolgt ist, die Vernichtung zahlreicher Existenzen herbeiführen.
Mag es sein, daß auf so armen Böden, wo bei der hohen Entwicklung
der Landwirthschaft, des Verkehrswesens, der Massenfabrikation von
vortrefflichen Surrogaten (z. B. Torfstreu), die Landwirthschaft selbst
heute noch der Streu bedarf, der Betrieb dieser Wirthschaft nicht
am Platze ist; wenn ferner auch — wie zu hoffen steht — der Wald
sich manches Stück Land zurückerobern wird, das ihm widerrechtlich

---

[1] Pro Hectar sind in der Görlitzer Stadtforst bis 432 Mark eingekommen!
Vergl. „Jahrbuch des Schlesischen Forstvereins“ 1874 S. 105.

[2] Ebendaselbst. Jahrgang 1886 S. 132 ff.

[3] Also nicht im Quellgebiet der Gebirgsflüsse, weil hier durch Streuabgabe
die Ueberschwemmungsgefahr sehr vergrößert wird! Ebenso wenig auf ganz armen
Sandböden. Im Uebrigen ist es nicht ganz consequent, wenn ein Waldbesitzer sich
ängstlich davor hütet, eine Wenigkeit Streu abzugeben, dagegen Nichts darin findet,
mit großen Kahlschlägen zu wirthschaften, auf denen sehr bald jede Spur einer Boden=
decke verschwunden ist!

[4] Das beweisen u. A. die gewaltigen Kiefern des Bamberger Hauptsmoors,
nicht minder auch die Ergebnisse der eingehenden, langjährigen Untersuchungen der
preußischen Hauptstation des forstlichen Versuchswesens. Vergl. Novemberheft 1888
der „Zeitschrift für Forst= und Jagdwesen.“

entzogen worden ist — der Uebergang zum Besseren darf sich nur sehr allmählich vollziehen, sonst entstehen unhaltbarere Zustände wie zuvor.

Verfasser liegt Nichts ferner, als eine Verherrlichung der Streu=nutzung; nur dem Uebereifer glaubt er entgegen treten zu müssen.

Dem Nutzholzwalde allein darf die Zukunft gehören. Die gänz=liche Beseitigung derjenigen Nebennutzungen, welche dieser nach jeder Richtung hin vortheilhaftesten Auswerthung des Waldbodens hindernd im Wege stehen, ist daher eine der wichtigsten Aufgaben der Volks= wie Waldwirthschaft. Augenblicklich sind wir wirthschaftlich aber noch nicht so weit, daß diese tief in das Volksleben einschneidende Maßregel mit einem Male vorgenommen werden könnte. Bei der Abgabe von Nebennutzungen ist ein „Zuwenig“ ebenso schädlich wie ein „Zuviel“, und zwar nicht nur vom Standpunkt des Nationalöconomen aus. Der privatwirthschaftliche Vortheil deckt sich vielfach mit dem allgemeinwirth=schaftlichen. Eine zu große Strenge des Waldbesitzers erzeugt in der Bevölkerung Mißmuth; derselbe wird zum Haß, wenn auch in Noth=jahren keinerlei Nebenproducte des Waldes abgegeben werden. Am meisten leidet schließlich der Wald darunter.

---

4. Der Forstschutz.

Die Aufgaben des Forstschutzes sind im modernen Wirthschafts=walde ganz andere geworden wie früher. Der Name „Schutzbeamter“ für den Förster ist, wie schon ein Mal hervorgehoben, in seiner ur=sprünglichen Bedeutung veraltet, denn er bezeichnete es als den Lebens=zweck dieses Beamten, hinter Holzdieben herzulaufen. Er ist aber heute noch ein Ehrenname, wenn man darunter einen Mann versteht, der in der That den seiner Obhut anvertrauten Wald gegen alle ihm drohenden Gefahren zu schützen versteht. Dazu gehört ein reiches Maß von Kenntnissen in allen Zweigen der Forstwissenschaft, ein durch Er=fahrung geschärfter Blick für die oft kaum sichtbaren Anzeichen einer nahenden Calamität. Selbst in solchen Revieren, wo der Forstdiebstahl noch in Blüthe steht, würde es übel angebrachte Sparsamkeit des Be=sitzers sein, wenn er in der Hauptbetriebszeit den Förster „zur Aus=

übung des Forstschutzes" den Arbeiten der Waldpflege, den Schlägen, den Culturen entziehen wollte, anstatt vorübergehend Hilfskräfte zu engagiren.

Der Forstdiebstahl nimmt ab, dagegen treten andere Gefahren immer häufiger und umfangreicher auf und beweisen damit unwiderleglich, daß man die Waldwirthschaft nicht ungestraft als bloßes Rechenexempel ansehen darf.

Das Nadelholz ist fast allen Gefahren mehr ausgesetzt wie das Laubholz; da das letztere immer mehr zurückgedrängt wird, müssen mithin die Gefahren ständig zunehmen. Der Uebergang vom Plenterwalde zur Hochwaldform hat in dieser Beziehung ebenfalls nicht gerade günstig gewirkt.

Ist eine Waldcalamität erst eingerissen, so steht ihr der Forstwirth entweder machtlos gegenüber, oder es erfordert bedeutende Geldaufwendungen, um sie erfolgreich zu bekämpfen. Wie dies zu geschehen hat, das wissen entweder Waldbesitzer und Beamte, oder sie finden es in jedem Lehrbuch des Forstschutzes. Der Bekämpfungsmittel giebt es außerdem so viele, daß es schlecht in den Rahmen dieser Schrift passen würde, sie alle aufzuzählen. Es soll daher vorzugsweise durch Hinweis auf die Gefahr selbst und die Vorbeugungsmittel zum steten Offenhalten der Augen angeregt werden, damit es möglichst wenig dazu kommt, Bekämpfungsmittel überhaupt anwenden zu müssen.

Die Lehre vom Forstschutz wird zwar allenthalben als eigene Disciplin anerkannt, wenn sich auch nicht leugnen läßt, daß sie ihre Lehren zum großen Theil den verschiedensten anderen Disciplinen entlehnt. [1]) Es ist daher nothwendig, in diesem Abschnitt vielfach in den Waldbau, die Benutzung u. s. w. überzugreifen. —

Der Boden ist derjenige Theil des Waldcapitals, aus dem sich dieses immer wieder neu ergänzt. Sein Schutz erscheint daher als eine der wichtigsten Aufgaben des Forstschutzes, um so mehr als gerade hier das Wiedergutmachen eines Fehlers sehr schwer ist, jedenfalls viele Jahre beansprucht.

Auf die Güte des Bodens sind viele Factoren von Einfluß; als

---

[1]) Vergl. Artikel „Forstschutz" in Fürst's illustrirtem Forst- und Jagdlexikon. Berlin 1888.

den bedeutsamsten dürfen wir den richtigen Grad der Feuchtigkeit an=
sehen. Es ist namentlich Gayer's unbestrittenes Verdienst, die hohe
Bedeutung der Bodenfrische in das rechte Licht gestellt zu haben. Die
allgemeine Abnahme derselben ist eine Thatsache, mit der der Wald=
besitzer ernst rechnen, und der er nach Kräften entgegen wirken muß.
Dies ist jedoch nur dann möglich, wenn er die Ursachen des Rück=
gangs der Bodenfrische erkennt.

Die beiden oben bereits angeführten Gründe für das Umsich=
greifen der Gefahren im Allgemeinen, kommen hier vorzugsweise in
Betracht; zunächst also die Ausrottung der Buche. Keine Holzart ist
so wie sie im Stande die Bodenfrische dauernd zu erhalten. Ihr
dichtes Kronendach, ihr reicher, viel Humus bildender Laubabfall, sind
die einfachsten und besten Mittel dafür. Dem Verfasser ist ein größerer
Privatwald in der Mark bekannt, dessen geschlossene, schöne Buchen=
bestände auf einem schwach lehmhaltigen Sandboden stocken, der offenbar
seine Kraft nur dem Schutz des Buchenbestandes verdankt. Durch un=
vorsichtige Behandlung — zu schnelle Lichtung — ist der Boden an
einzelnen Stellen des Reviers so rapide zurückgegangen, daß nur der
Anbau der Kiefer übrig blieb. Die so entstandenen Kiefernschonungen
unterscheiden sich in Nichts von dem bekannten Bilde auf armen Sand=
böden. Noch schlimmer sind die Folgen der Bodenverödung auf den
besten Buchenstandorten (Muschelkalk), wo überhaupt Nichts mehr
wachsen will. Darum Schutz der Buche! Der reine Buchenhochwald
soll zwar nicht das Ziel der Wirthschaft sein, um so mehr aber der
mit edlen Harthölzern durchsprengte.

Die im Uebrigen sehr gerechtfertigte Bevorzugung des gleich=
altrigen Hochwaldes hat der Bodenverödung ebenfalls einigen Vor=
schub geleistet. Dieser Nachtheil verliert allerdings an Bedeutung,
wenn man berücksichtigt, daß der ungeregelte Plenterbetrieb noch viel
ungünstiger war.

Das gleichmäßig sich in die Höhe schiebende Kronendach des
gleichaltrigen Hochwaldes öffnet den beiden schlimmsten Feinden der
Bodenfeuchtigkeit, Wind und Sonne, den Zugang. Das sind die
Dornen, welche man mit der Rose in den Kauf nehmen muß, deren
Spitzen aber nach Möglichkeit abzubrechen sind. Am ungehindertsten
wirken Wind und Sonne natürlich auf den großen Kahlschlag=

flächen, um so schlimmer, je senkrechter sie auftreffen (Südhänge der Gebirge!); daher Vermeidung derselben, Beschränkung der Kahlhiebe auf schmale Absäumungsschläge, Bevorzugung der natürlichen Verjüngung und noch mehr der Schirmschlagwirthschaft, weil die letztere sicherer und schneller den Boden deckt.

Wie schnell eine Freicultur sich schließt, hängt vom Verbande ab; auch dieser Umstand beweist, daß weite Verbände fehlerhaft sind. Bei Anwendung der letzteren findet sich wohl eine andere, wenig erwünschte Art von Bodendeckung ein, d. h. ein reicher Gras- und Unkrautwuchs, der einen dichten Filz bildet und die atmosphärischen Niederschläge nicht bis an die Wurzeln gelangen läßt. Darum Erziehung gut geschlossener Bestände von Jugend auf!

Im höheren Alter halten sich zwar die Schattenhölzer dunkel, die Lichtholzarten stellen sich dagegen entweder von selbst licht, oder verlangen eine künstliche Lichtstellung. Wind und Sonne verflüchtigen nunmehr den Humus. Damit schwindet die Bodenfeuchtigkeit, welche die sehr große wasserhaltende Kraft des Humus bis dahin gebunden hatte. Es tritt in Folge dessen an den Waldbesitzer die Frage heran, ob der Bestand mit Bodenschutzholz zu unterbauen ist oder nicht. Handeln kann es sich eigentlich nur um reine oder aus Lichtholzarten gemischte Bestände. War seiner Zeit die richtige Mischung von Licht- und Schattenhölzern getroffen, so schützt sich der Bestand allein. Die Ansichten über den Werth des Unterbaues sind sehr getheilt.¹) Auf ganz schlechten Böden unter Kiefer verbietet er sich von selbst, da weder die Fichte, noch die eigensinnige Hainbuche gedeihen. Der Versuch, Bodenschutzholz zu erziehen, ist hier mithin nur eine theure Spielerei. Auf besserem Kiefernboden ist der Unterbau wohl nur dann zweckmäßig, wenn er so rechtzeitig erfolgt, daß das künstlich eingebrachte Schattenholz sich später noch an der Verjüngung betheiligen kann, also bei hohen Umtrieben. Alte Kiefern mit Buchen oder Hainbuchen zu unterbauen, hat wenig Zweck, ist bei großer Ausdehnung solcher Bestände auch nicht durchführbar. Soll die Buche nach Abtrieb der Kiefer den Hauptbestand bilden, ist das Verfahren richtig; wir können

---

¹) Am weitesten gehen die Ansichten Borggreve's und Burckhardt's auseinander. Der Letztere betrachtete den Unterbau als eine Art Universalmedicin.

Brennbedarf einer Tagelöhnerfamilie wird auf 10 fm pro Jahr ange=
nommen; daraus ergiebt sich, daß der deutsche Wald mit nahezu
7 Millionen Festmetern den Brennbedarf für 700 000 Arbeiterfamilien
zu liefern vermag. Die Waldungen Preußens mit 8 146 159,7 ha
mithin für rot. 407 000 Arbeiterfamilien.

Der Geldwerth des gesammelten Holzes entspricht dem Arbeits=
aufwand zwar in keiner Weise — nach Rentzsch nicht zum vierten
Theil — indessen muß auch hier wieder in Betracht gezogen werden,
daß die Sammler von Raff= und Leseholz einer anderen productiven
Arbeit oft nicht fähig sind.

Die Raff= und Leseholznutzung erfordert eine noch schärfere Con=
trole wie die Beeren= und Pilznutzung, um Uebergriffen jeder Art
vorzubeugen. In den meisten Fällen wird sich daher die Erlaubniß
nur auf wirkliches Raff= und Leseholz, nicht aber auf das Ausreißen
trockener Stangen zu erstrecken haben. Sehr schädlich ist die Unsitte,
trockene Aeste mit einem Haken abzubrechen. Die Bruchstellen bilden
vorzügliche Angriffspunkte für parasitische Pilze. Die Beschränkung
der Nutzung — gegen Ausgabe von Zetteln — auf gewisse Tage und
Orte, der Ausschluß junger, rüstiger Leute, das Verbot, schneidende
Werkzeuge mitzubringen, sowie des Handels mit dem gesammelten Holz,
verstehen sich von selbst. Wenn der Waldbesitzer zur Brunftzeit über=
haupt keine Leseweiber im Revier haben will, so ist das ebenfalls ein
sehr gerechtfertigter Wunsch.

Ein sehr gutes Mittel dem Ueberhandnehmen des Raff= und Lese=
holzsammelns entgegen zu wirken, ist die oben[1] erwähnte Abgabe des

———

S. 99) normirt den Ertrag aus dem Buchenwalde auf 0,57 fm; aus dem Fichten=
Gebirgswalde auf 0,67 fm. Gayer („Die Forstbenutzung." 6. Aufl. S. 492) schätzt
den durchschnittlichen Leseholzertrag auf 12 bis 18 % des regulären Holzeinschlags.

Rentzsch („Der Wald im Haushalt der Natur und Volkswirthschaft." Leipzig
1862 S. 89) berechnet pro 20 Morgen Hochwald durchschnittlich jährlich 3—6 Thaler
Werth des Leseholzes.

In dem vom Verfasser verwalteten Revier müssen jährlich gegen 600 Raff=
und Leseholzzettel ausgegeben werden. Da die Größe desselben noch nicht 3300 ha
beträgt, ist anzunehmen, daß alle jene Zahlen für hiesige Verhältnisse noch viel zu
niedrig gegriffen sind.

[1] Abschnitt „Forstbenutzung" S. 98.

einige Tausend Morgen alter Eichenbestände auf Sand, zeigten aber guten Wuchs. Nachdem dieses Bruch entwässert worden, verloren die Eichen nicht nur den Zuwachs fast ganz, sondern wurden auch wipfel= dürr, so daß sie zur Kieferncultur heruntergeschlagen werden mußten. Nach einer Mittheilung, welche der Versammlung des Schlesischen Forst= vereins 1874 gemacht wurde, hat sich die Wirkung des Ablassens von Teichen sogar noch viel weiter erstreckt. Für die Erle ist eine gründliche Entwässerung der sichere Tod. In einer Königlichen Oberförsterei Schlesiens wurde durch ein sehr bedeutendes Erlenbruch vor einigen Jahrzehnten ein Canal gelegt, welcher eine oberhalb gelegene Feldmark entwässern sollte; diesen Zweck hat er zwar erfüllt, nebenbei aber auch jenes Erlenbruch so gründlich trockengelegt, daß jetzt Nichts mehr wachsen will.

Die Entwässerung großer Moore, die Stromcorrecturen u. s. w. sind volkswirthschaftlich so wichtige Maßnahmen, daß die Waldwirthschaft zurücktreten muß; indessen liegt doch in den unbeabsichtigten Folgen derselben eine Mahnung, mit dem Wasservorrath im eigenen Revier so haushälterisch wie möglich umzugehen. Wo Ueberfluß vorhanden ist, suche man denselben anderen Stellen des Reviers zuzuführen, ohne es ganz aus dem Walde herauszulassen. Zur Berieselung der Wiesen — das sei hier ausdrücklich erwähnt — sind die Waldwässer sehr ungeeignet, weil der Waldhumus die Eigenschaft hat, dem Wasser nicht nur die suspendirten, sondern auch die gelösten Beimengungen zu entziehen. Die Dungkraft des aus dem Walde gewonnenen Rieselwassers ist daher eine sehr geringe.[1])

Der umgekehrte Fall, daß ein Wald versumpft, tritt zwar auch ein, jedoch nicht so häufig wie die Aushagerung. Meist trägt verkehrte Wirthschaft daran die Schuld. Alt= und Stangenhölzer und zwar mehr die Laub=, weniger die Nadelhölzer, von letzteren am meisten die Fichte, verdunsten enorme Mengen Wasser und reguliren dadurch die Boden= feuchtigkeit des zur Versumpfung neigenden Terrains. Werden auf solchem Boden große Kahlhiebe geführt, so ist es weiter nicht wunder= bar, wenn sich Sümpfe bilden, in denen Jahr für Jahr die theure Cultur auffriert. Die Natur weist hier recht handgreiflich auf natür= liche Verjüngung oder Schirmschlagwirthschaft hin.

---

[1]) Vergl Borggreve „Die Holzzucht" S. 13.

Der Schutz der natürlichen Bodenfeuchtigkeit ist mithin ungemein wichtig; nicht ganz so, doch immerhin sehr wesentlich, ist die Erhaltung der chemischen Bodenkraft. Daß in Rücksicht hierauf der Bezug der Nebennutzungen mit großer Vorsicht verbunden sein muß, ist bereits weiter oben ausgeführt. —

Das Heer der Insecten ist jederzeit bereit, über den Wald her= zufallen, sobald die Bewirthschaftung desselben ihm seine Existenz= bedingungen verschafft. Heß[1] sagt sehr treffend: „Der Forstwirth beugt dem Insectenschaden am sichersten vor, wenn er in Bezug auf Begründung, Erziehung und Nutzung der Bestände die erfahrungsmäßig bewährten Grundsätze der Waldbau= und Forstbenutzungslehre befolgt." Fehlerhafte Wirthschaftsmaßregeln haben häufig doppelte Nachtheile im Gefolge; zuerst tritt beispielsweise bei falschem Anhieb eines Altbestandes oder bei zu starker Durchforstung im Stangenholz, Wind= bezw. Schneebruch ein und durchlöchert den Bestand; damit jedoch noch nicht genug. Die Borken= und Bastkäfer richten sich häuslich ein und ver= mehren sich so stark, daß sie nunmehr nothgedrungen auch gesundes Material annehmen müssen. Der versäumte Aushieb zurückbleibender Stämme in älteren Beständen hat gar einen dreifachen Nachtheil, und zwar waldbaulich, weil der dominirende Nachbarstamm keine Krone bilden kann, vom Standpunkt der Auswerthung, weil dadurch sich Nutz= holz allmählich in Brennholz verwandelt und von dem des Forstschutzes, weil eben jene Käfer sich in diesen Stämmen mit Vorliebe ansiedeln.

Abgestorbene Stämme verunzieren den Wald, schaden aber nicht mehr viel, da höchstens harmlose Bockkäfer, Holzwespen u. s. w. ihr Wesen darin treiben. Sehr gefährlich sind dagegen diejenigen Stämme, welche erst anfangen zu kränkeln.[2] Diese sind die besten Brutstätten des Waldgärtners (Hylesinus piniperda) in Kiefern=, des großen Borkenkäfers (Bostrichus typographus) in Fichtenrevieren; gar nicht zu reden von ihren zahllosen kleinen, mehr oder minder schädlichen Vettern. So klein die Borkenkäfer sind, so gewaltig kann das Unheil

---

[1] a. a. O. S. 165.

[2] Auch die durch Feuer getödteten Stämme sind gefährlich. Verfasser be= obachtete im Vorjahre, gelegentlich der Einschätzung eines großen Brandschadens, in durch Wipfelfeuer zerstörten Kiefernstangenorten ein massenhaftes Anfliegen des Waldgärtners.

werden, das ſie anrichten; doch iſt gerade bei ihnen ein Vorbeugen verhältnißmäßig leicht. Wenn der freundliche Nachbar ſie nicht über die Grenze geſchickt hat, ſo trifft den Forſtbeamten des eigenen Reviers der meiſt nicht unbegründete Vorwurf, daß er nicht aufgepaßt hat. Hätte er die Inſectenherde — Windbruchlöcher u. ſ. w. — fleißig und rechtzeitig revidirt, hätte er auf die Bohrlöcher, das Wurmmehl, den Harzausfluß an kümmerlich ausſehenden oder geſchobenen Stämmen geachtet, dieſe dann im richtigen Augenblick¹) fällen und entrinden, die Rinde verbrennen laſſen, ſo wäre es vielleicht möglich geweſen, eine größere Calamität zu vermeiden.

Baldige Abfuhr des nicht entrindeten Holzes iſt nur dann ein Schutz, wenn dieſes ſo weit fortgefahren werden kann, daß die ausfallenden Käfer nicht in den Wald zurückkehren können. Kiefern in der Nähe von Holzablagen leiden bekanntlich ſehr ſtark unter der Scheere des Waldgärtners.

Um die winzigen Anzeichen einer drohenden großen Gefahr zu erkennen, iſt es allerdings nöthig, daß der Beamte ſehen kann. Dazu iſt er nur im Stande, wenn er etwas Tüchtiges gelernt hat.

Eine von Seiten der verheerend auftretenden Falter drohende Gefahr im Keime zu erſticken, iſt zwar ſchwieriger, doch nicht immer unmöglich. Das richtige Sehen iſt auch hier Vorbedingung. Der Forſtbeamte, welcher ſich nicht nach einer ihm auffallenden abgebiſſenen Nadel oder einem Kothkrümelchen bückt, oder dem es weiter nicht wunderbar vorkommt, wenn ſich plötzlich gewiſſe Inſectenfeinde — ſo der Kukuk, der ſonſt ſeltene ſchöne Puppenräuber (Calosoma sycophanta) gar nicht zu reden von Schneumonen und Raupenfliegen — häufig in derſelben Gegend zeigen, iſt nicht der Mann, um energiſch der Mahnung „principiis obsta“ nachzukommen.

Handelt es ſich um die Nonne, ſo iſt es wohl ziemlich gleichgültig, ob Etwas geſchieht oder nicht, denn gegen dieſen Schädling können wir uns nicht genügend wehren. Etwas Anderes iſt es aber

---

¹) Es iſt jedoch falſch, jeden geworfenen Stamm ſofort ängſtlich entrinden zu laſſen Dadurch beraubt man ſich der natürlichen Fangbäume und zwingt die Käfer an anderes Material zu gehen, wo man die Vertilgung ihrer Brut nicht jederzeit in der Hand hat.

beim Kiefernspinner. Gegen ihn hat sich das Leimen als vorzügliches Mittel erwiesen. Wird dieser böse Feind bald entdeckt, so können rechtzeitig Probesammlungen veranstaltet und je nach deren Ausfall Entschlüsse gefaßt werden, ob geleimt werden soll oder nicht, eventuell auch die Vorbereitungen dazu getroffen werden.

Gegen Spanner und Eule bietet der Schweineeintrieb ein brauch= bares Gegenmittel. Die Vorbeugungsmittel sind allgemeiner Natur. Namentlich gehört dahin die Erziehung wüchsiger, gemischter, nicht in großen gleichaltrigen Complexen zusammenliegender Bestände. Der Spanner zieht erfahrungsmäßig — ebenso wie die meisten übrigen Insecten — verkrüppelte, kränkelnde Bestände vor; die Eule fühlt sich am wohlsten in ausgedehnten Kiefernstangenorten.

Der Maikäfer ist wohl unser schädlichstes Insect, einmal weil er vorzugsweise unsere wichtigste Holzart, die Kiefer, bedroht, dann, weil er nicht wie viele andere Insecten nur in einigen Jahren auftritt, um dann für Decennien zu verschwinden, sondern seine Be= schädigungen Jahr für Jahr verursacht und zwar vielerorts mit einer solchen Gründlichkeit, daß in der That die Frage aufgeworfen werden kann: Maikäfer oder Kiefer?[1]) Ein Vertilgungsmittel, d. h. ein wirklich durchgreifendes, besitzen wir nicht. Wer es erfände, könnte sich viel Dank und noch viel mehr Geld verdienen. Die Vorbeugungsmittel sind daher um so wichtiger. Das beste heißt auch hier wieder: Natur= gemäßere Wirthschaft. Das Maikäferweibchen liebt es, seine Eier auf großen, freien, warmen Flächen abzulegen; werden ihm dieselben ge= boten, so kann man es dem Käfer nicht verdenken, wenn er der Ein= ladung folgt. „Vom Bestandsrande, sagt Altum[2]), oder den sonstigen Futterbäumen fliegt es nur allmählich sich senkend auf die anstoßenden Flächen und zieht dort sich schwenkend und wendend umher, bis es eine passende Stelle zur Aufnahme der Eier ausfindig gemacht hat. Es steht hiermit die Erscheinung in innigster Beziehung, daß auf einer von den Maikäferlarven arg ruinirten Cultur die Bestandsränder gänzlich oder fast gänzlich verschont bleiben. Schmale Schläge sind folglich den ausgedehnten Hieben vorzuziehen." Das ist gewiß richtig, ebenso

---

[1]) Titel einer Broschüre des Oberförsters Schäffer.
[2]) „Forstzoologie III. Insecten." 2. Aufl. Berlin 1881 S. 101.

ist es klar, daß dem Käfer Verjüngungen unter Schirm nicht dieselbe Existenzbedingungen bieten wie Kahlschläge. Diese Theorie wird zwar vielfach angefochten, indessen läßt sich das Vorkommen der Maikäfer in den Naturverjüngungen und Schirmschlägen wohl darauf zurückführen, daß in dem betreffenden Revier der Kahlschlag so lange herrschend gewesen ist, daß die in Massen gezüchteten Maikäfer auch unnatürliche Brutplätze annehmen müssen. Unter Umständen, namentlich in der Noth, ändert jedes Thier seine Lebensweise. Hierfür einige Beispiele: Daß der große Rüsselkäfer alle möglichen Holzarten benagt, ist bekannt; weniger, daß er auch Frösche annimmt. Und doch befinden sich in der Eberswalder Sammlung die stark angefressenen Reste eines solchen, welcher sehr zu seinem Schaden in die Löwengrube d. h. zwischen die hungrigen Käfer im Rüsselkäfergraben gerathen war! In dem vom Verfasser verwalteten Revier fehlte in einem entrindeten Fichten-Sommerschlage den Fichten-Borkenkäfer-Weibchen die Gelegenheit zur Eierablage, um so mehr als die Umgegend von kränkelnden Stämmen rein gehalten worden war. In Folge dessen waren einige nicht entrindete, gefällte Lärchen massenhaft von diesem Fichtenfeinde befallen, wie Herr Professor Altum bestätigen wird.[1]) Gezähmte Hirsche äsen — sit venia verbo — mit Wohlbehagen gelegentlich animalische Kost. Die sonst so scheue Ringeltaube wird vertraut, wenn sie im Park brütet.

Auf die Dauer bekommt natürlich keinem Thier eine solche Aenderung. Daß also vorläufig noch in den Verjüngungsschlägen Maikäferfraß constatirt ist, beweist nicht, daß das Insect sich dort auf die Dauer halten kann.

Von den sonstigen Vorbeugungsmaßregeln[2]) sei noch die von Danckelmann empfohlene Senkpflanzung hervorgehoben. Verfasser hat in einem märkischen Privatrevier ganz entschiedene Erfolge dieser Culturmethode gesehen. Pflanzung von Ballen hat sich wohl auch bewährt, ist aber für größere Flächen zu theuer. Cämpe darf man nicht

---

[1]) Vergl. auch „Futteränderung bei Insecten" von Dr. J. Ritzema Bos (Biol. Z. S. 321, besprochen im Februarheft 1889 der „Allgemeinen Forst- und Jagd-Zeitung.")

[2]) Vergl. Altum a. a. O. S. 101. Heß „Forstschutz" S. 223.

in unmittelbarer Nähe von Laubholz anlegen, um den Käferweibchen
das Anfliegen nicht gar zu bequem zu machen.

Beiläufig ſei erwähnt, daß man größere Mengen geſammelter
Maikäfer ſchon zu techniſchen Zwecken verwendet hat, ſo zu Buchdrucker=
ſchwärze, Wagenſchmiere, ja ſogar zur Gasbereitung. Ihre Verwend=
barkeit als Hühnerfutter iſt bekannt. Nach Stöckhard hat der Centner
Maikäfer einen Dungwerth von 1,93 Mark.[1])

Die Lebensweiſe des großen Rüſſelkäfers iſt neuerdings ſehr leb=
haft in forſtlichen Zeitſchriften beſprochen worden. Allerdings wäre zu
wünſchen, daß hierüber bald völlige Klarheit herrſchte, denn beikommen
kann man einem Inſect nur dann, wenn man über Generation u. ſ. w.
genau informirt iſt. Jedenfalls iſt dieſer Käfer ein ganz hervorragend
gefährlicher, deſſen Anzahl von Jahr zu Jahr zunimmt. Wir beſitzen
zwar brauchbare Vertilgungsmittel, indeſſen iſt es auch in dieſem Falle
beſſer, dem Käfer durch Vorbeugungsmaßregeln die Lebensbedingungen
zu entziehen. Das anerkannt beſte Mittel dieſer Art — eventuell auch
gleichzeitig Vertilgungsmittel — iſt die gründliche und rechtzeitige
Rodung der Stöcke. Die Sache liegt hier anders wie beim Fichten=
borkenkäfer (Vergl. Anm. 1, Seite 118). Dieſen zwingt man durch
Entziehen des Brutmaterials an anderes, weniger geeignetes zu gehen,
dem großen Rüſſelkäfer bleibt dieſer Ausweg nicht. Im Gebirge kann
man die Stockrodung leider nicht immer zur Anwendung bringen,
weil an ſteilen Hängen die Bodenabrutſchung dadurch befördert wird;
auch hat das ſonſt gute Mittel der Schlagruhe ſeine Bedenken, weil
der Unkrautwuchs nach Kahlabtrieb in Folge der ſchnellen Zerſetzung
des Humus zu gewaltig iſt. Hier wird man ſich daher auf den ört=
lichen Wechſel der Schläge beſchränken müſſen, um nicht durch Anein=
anderreihen von Schlag und Cultur dem Käfer zu günſtige Lebens=
bedingungen zu bieten.

Die meiſten Vorbeugungs= und Vertilgungsmittel gegen den großen
Rüſſelkäfer treffen gleichzeitig eine Gruppe von ſehr kleinen, aber recht
ſchädlichen Käfern. Es ſind dies die wurzelbrütenden Hyleſinen.[2])

---

[1]) Dieſe Angaben ſind Heß entnommen.

[2]) Hylesinus ater, angustatus, opacus, attenuatus, ligniperda, ſämmtlich an
Kiefern. An Fichten: H. cunicularius, welcher 1888 im hieſigen Revier ſich ſehr

Wegen ihrer Kleinheit werden sie leicht übersehen und können so lange Zeit ungestört ihr Spiel treiben.

Der kleine Rüsselkäfer (Pissodes notatus) ist zwar verhältnißmäßig seltener, schadet indessen in kränkelnden Schonungen zuweilen recht empfindlich. Bei einiger Aufmerksamkeit ist er sehr wohl im Zaum zu halten. Im Juli zeigen die roth werdenden Nadeln der jungen Kiefern bereits das Vorhandensein des Feindes an. Sofortiges — nicht im Herbst, wo der Käfer bereits heraus ist — Herausreißen und Verbrennen der befallenen Stämmchen schützt sicher.

Es würde viel zu weit führen, hier auf alle merklich schädlichen Insecten einzugehen; daher sei nur noch einmal darauf hingewiesen, daß naturgemäßere Wirthschaft das beste Mittel ist, die meisten fern zu halten. Ziehen Windbrüche und andere Calamitäten dem Walde die Insectenplage auf den Hals, so können Besitzer und Beamte schuldlos sein. Haben sie selbst dagegen durch fehlerhafte Wirthschaft die Schädlinge angelockt, so müssen sie sich allein die Schuld beimessen. —

Recht unangenehm machen sich die Mäuse bemerkbar durch Benagen von jungen Laub-, zuweilen auch Nadelholzpflanzen, sowie Ausfressen von Herbstsaaten. Man vermeide deßwegen die Herbstsaaten, nehme den Mäusen ihre Verstecke im hohen Grase durch Vieheintrieb, lege die Cämpe nicht am Feldrande an und schone und begünstige ihre Feinde.

Letzteres Mittel[1]) — auch gegen Insecten — wird noch zu wenig beachtet. Die schlimmsten Feinde der letzteren, die Schlupfwespen, Raupenfliegen und Pilze entziehen sich zwar der menschlichen Einwirkung, nicht so aber die größeren. Der Igel, der Maulwurf, das Wiesel, die Spitzmaus, der Thurmfalke, die Eulen, die höhlenbrütenden kleinen Vögel[2]) stehen obenan. Wie manches dieser Thiere wird achtlos getödtet, wie mancher Höhlenbrüter wandert aus, weil ihm systematisch jeder hohle Baum entzogen wird.

---

unangenehm bemerkbar machte. — Vergl. Altum „Zur Vertilgung der wurzelbrütenden Hylesinen." Separatabdruck aus der „Zeitschrift für Forst- und Jagdwesen." Juliheft 1887.

[1]) Vergl. die Schrift des Dr. Gloger „Die nützlichsten Freunde der Land- und Forstwirthschaft unter den Thieren."

[2]) Vergl. Dr. Gloger „Die Hegung der Höhlenbrüter."

Nur für den Nutzen der Spechte kann ich mich nicht begeistern. Ihr weithallendes Trommeln belebt den Wald; aber die tiefen Löcher, welche die größeren Arten hacken, stehen in keinem Verhältniß zu dem Nutzen, den sie durch Vertilgung schädlicher Insecten stiften. Wo der Schwarzspecht heimisch ist, verursacht er sogar ganz erheblichen Schaden.

Der Buchfink ist in Cämpen und Saatculturen empfindlich schädlich, weil er die eben hervorkommenden Nadelholzcotyledonen mitsammt Kappen abbeißt. Scheuchen helfen Nichts, Verjagen nutzt nur dann, wenn es consequent, besonders in den frühsten Morgenstunden geschieht, dagegen ist das Einmennigen (etwa 10 Gewichtsprocent Mennige) ein vorzügliches und billiges, doch lange noch nicht genug angewendetes Mittel. —

Die Hausthiere schaden beim Weidegang; erwähnt sei noch die Unsitte der Holzfuhrleute, die Pferde an Bäume anzubinden, was diese dazu veranlaßt, ihre Zähne nicht an Deichsel oder Krippe, sondern zur Abwechslung am lebenden Stamm zu erproben. Dem läßt sich natürlich sehr leicht abhelfen. —

Die Kenntniß der parasitischen Pilze ist trotz der sehr eingehenden Untersuchungen und Entdeckungen — besonders R. Hartig's — vorläufig noch wenig verbreitet; man hilft sich durch Bezeichnungen wie „Roth-, Weiß-, Wurzelfäule, Kienzopf, Harzsticken u. s. w." Höchst wahrscheinlich spielen die Pilze jedoch eine wichtige Rolle unter den Feinden des Waldes, d. h. sie zerstören den Baum durch primäre Einwirkung, finden sich nicht erst secundär ein. Vielleicht sind sie — andere Arten natürlich — aber auch seine größten Freunde. Ungemein interessant ist die Entdeckung des Professors Frank, wonach die Cupuliferen und Coniferen — also unsere wichtigsten Waldbäume — in ihrer Ernährung auf die Symbiose ihrer Saugwurzeln mit einem Pilz (Mycorhiza) angewiesen sind.[5]

Der Sturm ist ein schlimmer Geselle; am bösesten haust er im Fichten-Gebirgsrevier, am wenigsten schadet er im krüppelhaften Kiefernwalde. Dazwischen liegen mannigfache Abstufungen der Windgefahr; dieselbe ist um so größer, in je gleichmäßigerer Höhe sich das Kronen-

---

[1] Vergl. „Berichte der Deutschen botanischen Gesellschaft" 1885 Heft 4 und „Forstliche Blätter" 1889 Heft 1.

dach befindet, und je länger der Schaft ist, weil dieser als Hebel wirkt. Eine vernünftige, im Allgemeinen gegen die westliche Hälfte der Wind= rose fortschreitende Hiebsfolge gewährt gegen den Sturm den besten Schutz. Eine dahin zielende Betriebsdisposition darf jedoch niemals in kleinlichen, mit Opfern verknüpften Schematismus ausarten.¹) Die Erhaltung von Windmänteln, Loshiebe, Einsprengung sturmfester Holz= arten in sturmgefährdete²) sind ebenfalls vorzügliche Schutzmittel. Die Durchforstung hat dagegen in dieser Beziehung eine recht anfechtbare Bedeutung; soll sie auch im Inneren des Bestandes eine bessere Be= wurzelung der Stämme bewirken, so muß sie so stark ausgeführt werden, daß die vielen Nachtheile dieser Maßregel den geringen Vor= theil überwiegen. —

Die Feuersgefahr ist mit dem Ueberhandnehmen der Wirthschaft mit großen Kahlschlägen, der weiteren Verbreitung des Nadelholzes und dem Ausbau des Eisenbahnnetzes gewachsen. Daduch ergeben sich die Vorbeugungsmaßregeln von selbst. Man vermeide die Erziehung ausgedehnter, reiner Nadelholzschonungen. Wo der Boden die Ein= sprengung edler Mischhölzer nicht erlaubt, bepflanze man die Wege= und Gestellränder mit mehreren Birkenreihen, mache die Eintheilungs= linien nicht zu schmal, halte sie und eventuell noch einen Streifen da= neben rein von Streu und Abfällen und räume das Reisig aus den Schlägen. Zur Zeit der Dürre müssen in großen Nadelholzrevieren die Schutzkräfte verstärkt werden, unter Umständen kann es sich sogar empfehlen, alsdann eine ständige Feuerwache zu unterhalten, wie dies z. B. auf dem Könteberge in der Görlitzer Stadtforst geschieht. Auf die Befolgung der polizeilichen Vorschriften wegen des Rauchens, des Wegwerfens brennender Streichhölzer ist ganz besonders zu achten.

Eine große Aufmerksamkeit ist in solchen Revieren nöthig, die von Eisenbahnen durchschnitten werden. Die Bahnverwaltungen sind zwar zum Schadensersatz verpflichtet, es ist indessen nach jeder Richtung hin besser, wenn auch der Besitzer sein Möglichstes thut, um die Ent=

---

¹) Vergl. Abschnitt „Forstabschätzung" S. 46.
²) Als passendes Beispiel möge die Mischung Fichte=Tanne angeführt sein. Es ist unbegreiflich, daß die letztere in ihren heimischen Gebieten so erbarmungslos ausgerottet wird!

stehung eines Waldfeuers zu verhüten. Die größte Gefahr ist an Tagen starker Frequenz vorhanden (Pfingsten!), wo die Maschinen größere Lasten fortzubewegen haben und daher stärker geheizt werden müssen. Die kahlen Sicherheitsstreifen an beiden Seiten der Bahn würden nur dann einen absoluten Schutz gewähren, wenn sie gegen 70 m breit wären;[1] das ist nicht wohl möglich, daher ist durch un= ausgesetztes Sorgen für Reinhaltung der Sicherheitsstreifen und Gräben, durch Anpflanzung eines Birkenmantels neben dem Sicherheitsstreifen die Gefahr nach Möglichkeit abzuschwächen.

Das Versicherungswesen gegen Waldbrände bewegt sich noch in den Anfängen, vorläufig wird es wohl auch noch nicht viel weiter kommen.[2] —

Die Frostgefahr ist von den bedeutenderen Gefahren die einzige, welche im Laubholz mehr schadet wie im Nadelholz. Die Fichte ist zwar relativ frostempfindlich, die Tanne noch mehr; bei dem großen Procentsatz, mit dem sich die fast harte Kiefer an der Gesammtnadel= holzfläche betheiligt, macht sich dies jedoch weniger geltend; bei der Tanne kommt noch hinzu, daß ihre Verjüngungsart sie gegen Frost schützt. Die Lärche ist wohl ganz hart.

Die Erziehung unter Schirm mit vorsichtiger Lichtung des Alt= bestandes ist das beste Gegenmittel gegen den Frost. Entwässerung kann günstig wirken — durch Verminderung der Verdunstungskälte, noch mehr zur Vermeidung des Auffrierens — ist jedoch mit Vorsicht anzuwenden. Reichlicher Graswuchs fördert erfahrungsmäßig die Frost= gefahr, ist daher nicht zu dulden, wo er Schaden anrichten kann.

---

[1] Lehr („Forstpolitik" a. a. O. S. 573) führt folgende von Burckhardt festgestellte Zahlen an: Man beobachtete im hannöverschen Flachlande unter 130 Zün= dungen an Eisenbahnen

37	innerhalb	9	m
33	=	9—14	=
26	=	14—19	=
15	=	19—23	=
12	=	23—28	=
5	=	28—47	=
2	=	51—65	=

[2] Vergl. Abschnitt „Waldwirthschaft und Landwirthschaft."

Empfindliche Holzarten darf man nicht in Froſtlöcher bringen (Fichte als Lückenbüßer!), ebenſo wenig Saatcämpe.

Um im Frühjahr das Pflanzmaterial, welches zum Auspflanzen gelangen ſoll, am zu zeitigen Treiben zu verhindern, kellert man es ein (in metertiefen und breiten Gräben).

Im Niederwalde haut man wegen der kalten Oſtwinde von W. nach O., alſo gerade umgekehrt wie im Hochwalde. In den Cämpen beſteckt man die jungen Pflanzen mit Reiſig, zündet über Wind ſtark rauchende Feuer an in kalten Frühjahrsnächten u. ſ. w. —

Der Platzregen ſchadet im Walde hauptſächlich durch Abſpülen von Boden, ſowie Bloslegen und Fortſchwemmen von Sämereien. Gegen die Abſpülung an ſteilen Hängen hilft Plenter- oder ähnlicher Betrieb, Vermeidung der Streunutzung, Verbauung der Waſſerriſſe; gegen letzteres ſchützt man ſich bekanntlich dadurch, daß man die Saat- ſtreifen horizontal um den Berg legt. Für Cämpe glaubt Verfaſſer das directe Gegentheil empfehlen zu müſſen. Dieſelben ſollen zwar möglichſt eben ſein, doch läßt ſich dies nicht immer erreichen. In dieſem Falle iſt es dann beſſer, wenn die Längsaxe der Beete in der Richtung des größten Gefälls liegt; das Waſſer läuft alsdann in den tiefen Steigen zwiſchen den Beeten ab, während es bei umgekehrter Lage dieſe an vielen Stellen durchbricht. —

Der Schneedruck tritt beſonders in jüngeren, aus dichten Saaten hervorgegangenen, nicht rechtzeitig geläuterten Beſtänden auf. Geſchützter ſind aus Naturverjüngungen hervorgegangene, etwas ungleichaltrige Beſtände; es weiſt dies ebenfalls auf eine naturgemäßere Wirthſchaft hin. Ein ſehr gutes Gegenmittel iſt eine ſehr vorſichtige und ſehr geſchickte Durchreiſerung. Verdient ſie dieſe Prädicate nicht, ſo ſchadet ſie mehr als ſie nutzt. Einzelpflanzung in weitem Verbande hat ſich nicht immer abſolut bewährt, iſt außerdem wegen der anderweitigen vielfachen Nachtheile ein bedenkliches Mittel.

Sehr ſchädlich wird der Schnee auf graswüchſigen Culturen. Das von ihm zuſammengedrückte Lagergras tödtet die jungen Pflanzen ſicher. Der beſte Zeitpunkt für das Ausſchneiden des Graſes iſt der Herbſt; im Sommer wirkt daſſelbe günſtig durch ſeine Beſchattung. —

Schließlich sei auch noch der Flugsandculturen Erwähnung gethan, welche in Verbindung mit vorsichtiger Wirthschaft in kleinen Schlägen oder im Plenterbetrieb und mit Vermeidung des Vieheintriebs und des Streurechens vor dem Weiterwandern des Sandes schützen.

V. Die Jagd.

Die Behandlung und Ausübung der Jagd ist in den Privat= revieren eine außerordentlich verschiedene. Auf der einen Seite sorgt echt waidmännischer Sinn für ihre Erhaltung, geht aber auch zuweilen in einseitiger Verkennung der Verhältnisse zu weit, auf der anderen wird das letzte Stück Wild erbarmungslos niedergeknallt, in der Hoffnung, daß von dem geschonten Nachbarrevier immer wieder neuer Zuzug kommt. Ein gewisser Zusammenhang zwischen Forstwirthschaft und Jagd ist hierbei unverkennbar. Fast immer findet man die pflegliche Behandlung in den größeren Privatforsten, wo meist gleichzeitig der ernste Wille, gut zu wirthschaften, vorhanden ist, den schonungslosesten Jagdbetrieb dagegen in den devastirten Bauernheiden.

An dem fast zur Modesache gewordenen Feldzuge gegen die Jagd betheiligen sich recht viele Leute, die Flinte und Büchse nur aus den Schaufenstern kennen, den Nutzen der Jagd entweder geflissentlich igno= riren, oder sich so wenig selbst nur mit der Theorie der Sache be= schäftigt haben, daß sie wirklich davon keine Ahnung haben. Jagd= feindliche Kundgebungen zu Agitations= und anderen Zwecken fallen in den breiten Schichten der Bevölkerung auf fruchtbaren Boden. Es ist nicht zu leugnen, daß diese Strömung eine gewisse historische Grund= lage hat.

Bei den alten Deutschen war die Jagd die Hauptbeschäftigung des freien Mannes. Das älteste deutsche Recht faßte das Jagdrecht als Ausfluß des Grundeigenthums auf, folgte also im Großen und Ganzen derselben leitenden Idee, wie das jetzt gültige Jagdpolizeigesetz vom 7. März 1850. Schon sehr früh begannen sich jedoch die Landesherren einzelne größere Jagdgebiete vorzubehalten („Einforstung"), woraus sich später — besonders seit dem 16. Jahrhundert — durch weitere Ausdehnung das Jagdregal herausbildete, d. h. die Auffassung, daß den Landesherren als solchen allein die Jagd zuständе.[1]) Motivirt wurde dieselbe auf die verschiedenste Art, insbesondere aber durch Benutzung der Doctrinen des römischen Rechts, welches das Wild als res nullius ansah. Nur wenige bevorrechtigte Stände und Corporationen behielten die niedere Jagd, dem Bauernstande wurde auch diese entzogen, zumal nachdem derselbe das Recht, Waffen zu tragen, verloren hatte.

Mit eiserner Strenge wurde jede Zuwiderhandlung gegen die drakonischen Jagdordnungen bestraft; dabei ruinirten die übermäßig starken Wildstände die Felder, und die Bauern wurden zu wochenlanger Arbeit bei den Vorbereitungen zu den kostspieligen Prunkjagden gepreßt. Die ungerechte Trennung des Jagdrechts vom Grund und Boden verursachte ebenfalls tiefgehende Erbitterung.

So entstanden in der That unhaltbare Zustände, welche das Volk einen erklärlichen Haß auf Jagd und Wild werfen ließen. Diese Zustände haben sich zwar längst geändert, der zähe Sinn des Bauern hat jedoch an seiner Abneigung gegen das Wild festgehalten.

Die Jagd muß trotzdem gewisse Vorzüge haben; sonst würde sie das Gesetz, das doch nicht da ist, um die Passion Einzelner auf Kosten Anderer zu begünstigen, nicht schützen. Man braucht nicht lange nach diesen Vorzügen zu suchen.

Der directe Rohertrag, welchen die Jagd dem Nationalvermögen zuführt, ist keineswegs unbedeutend. In dem von Hagen-Donner'schen Werk[2]) wird nach den genau festgestellten Jagderträgen der Staatsforsten und Domainenländereien berechnet, daß der Geldwerth der gesammten Jagdnutzung in Preußen gegen $6\frac{1}{2}$ Millionen Mark betragen dürfte, jedoch gleichzeitig die Vermuthung ausgesprochen, daß diese Berechnung hinter der Wirklichkeit sehr erheblich zurückbleiben würde. Diese Vermuthung hat sich durch die statistischen Erhebungen über den

---

[1]) Vergl. Schönberg „Handbuch der politischen Oekonomie" Bd. II. S. 328. Lehr „Forstpolitik" S. 447. Ziebarth „das Forstrecht" Th. II. S. 288. Beseler „System des gemeinen Deutschen Privatrechts" Abth. II. S. 896.

[2]) a. a. O. S. 63.

Wildabschuß in Preußen während der Zeit vom 1. April 1885 bis ebendahin 1886 durchaus bestätigt. Es betrug nach diesen der Werth des erlegten Wildes gegen 12 Millionen Mark.[1] Sicherlich trifft auch diese Zahl noch nicht das Richtige, da der Landmann gegen jede Statistik einen zwar ungerechtfertigten, aber trotzdem unüberwindlichen Widerwillen hat.

Der größte Antheil an dem Nutzen der Jagd läßt sich zahlenmäßig nicht darstellen und entzieht sich dementsprechend dem Urtheil des Laien, ohne darum weniger bedeutungsvoll zu sein. Daß die Allgemeinheit der Jagdpassion größerer Grundbesitzer das Vorhandensein mancher Waldfläche zu verdanken hat, die ohne diese Rücksicht längst in Unland verwandelt wäre, ist zwar natürlich nicht direct zu beweisen, wird aber wohl jedem Kenner der Verhältnisse plausibel erscheinen.

Die ethische Bedeutung der Jagd ist nicht zu unterschätzen, doch ein zweischneidiges Schwert. Der crasse Materialismus, das im harten Kampf um das Dasein immer gierigere Trachten nach Gelderwerb, welche unseren Zeitgeist kennzeichnen, erstrecken ihren demoralisirenden Einfluß weiter und weiter. Wie kein Kunstgenuß ist die Jagd im Stande, dem entgegen zu wirken. Leider verwandelt sich dieser günstige Einfluß häufig in das Gegentheil, und zwar dann, wenn die Jagd dazu dient, „Fleisch" und damit Geld zu machen. Tritt hierzu noch die sittliche Verrohung, die Freude am Tödten, welche dem wahren Jäger so fern liegt, so macht die Jagd den Jäger allerdings nicht moralisch besser, sondern schlechter.

Wenn der alte, ehrenfeste Ritter Gaston de Foix heute noch lebte, so würde er schwerlich an seiner Ansicht festhalten, daß ein Jäger keine der sieben Todsünden begehen könne, daß ihm namentlich der Müßiggang ein unbekanntes Laster sei. Andere Zeiten, andere Jäger. Wie manches Bauerngut ist subhastirt worden, wie manches blühende Geschäft zurückgegangen, weil die Besitzer sich mehr um die Flinte, als um den Pflug oder Handel und Wandel kümmerten. Wie Mancher hat seine Gesundheit für Zeit Lebens ruinirt, weil er die Winternächte

---

[1] Hierzu kommt noch der Erlös für rund 150000 Jagdscheine = 450000 Mark. Im Jahre 1887 wurden sogar 600000 Mark vereinnahmt.

hinburch im mit Häcffel gefüllten Sack an der Grenze des Waldes faß, anstatt daheim im warmen Bett zu liegen!

Daß die Jagd, „des ernsten Kriegsgotts lustige Braut," in jeder Beziehung eine vorzügliche Vorbereitung für den Krieg bildet, ist allgemein bekannt. Sie härtet ab, macht findig und läßt schnelle Entschlüsse reifen. Die Jägerbataillone, deren Kern aus Forstleuten besteht, gelten noch heute für Elitetruppen; Erwägungen dieser Art haben seiner Zeit Friedrich den Großen bestimmt, das Reitende Feldjägercorps zu stiften.

Die directen Kosten der Jagd bedingen weder einen volkswirth= schaftlichen Gewinn noch einen Verlust, da sie sich als Güterübertragung darstellen (Lorey in Schönberg's Handbuch ꝛc.).

Ist der Waldbesitzer selbst passionirter Jäger, so kommt er viel öfter in seinen Wald, controlirt dabei die Beamten und gewinnt all= mählich nicht nur über das Wild, sondern auch über den Wald und seine intensive Bewirthschaftung zutreffende Anschauungen.

Nicht minder ist es vortheilhaft, wenn die Beamten Passion für die Jagd besitzen. Sie scheuen weit weniger Wind und Wetter, sie kriechen viel mehr jeden Winkel ab, wenn sie im Walde nicht allein die Stätte ihrer forstlichen Thätigkeit, sondern auch die Heimath des Wildes sehen. Erforderlich ist es allerdings, daß die Beamten nicht bloß die Jagd schützen sollen, sondern hin und wieder auch selbst ein Stück Wild erlegen dürfen. Wird ihnen jede Gelegenheit zur Aus= übung der Jagd entzogen, so verlieren sie schließlich die Passion, und mit ihr die Lust, ihre gesunden Knochen beim Schutz der Jagd zu Markte zu tragen.[1]) Damit kommt recht häufig aber auch die innige Liebe zum Walde abhanden.

Verfasser ist der Ansicht, daß es vom rein menschlichen Standpunkt richtig ist, wenn den Beamten die Geweihe und Gehörne selbst er= legter Hirsche und Rehböcke überlassen werden. Viele Besitzer pflegen dieselben für die Ausschmückung der Forst= und Jagdhäuser zu ver= wenden. Das ist zwar eine hübsche Sitte, lieber ist es den Beamten aber doch, wenn sie dieselben ihr Eigen nennen dürfen. Jeder passionirte

---

[1]) Sehr anzuerkennen ist das Bestreben des „Allgemeinen Deutschen Jagd= schutzvereins," — derselbe zählte 1887 bereits 7754 Mitglieder — den um den Jagd= schutz verdienten Personen Belohnungen zu Theil werden zu lassen.

Jäger kennt wohl das angenehme Gefühl, mit welchem der glückliche Schütze die Sammlung selbsterbeuteter Jagdtrophäen durchmustert, indem er sich dabei mit behaglicher Breite die kleinste Kleinigkeit bei der Erlegung des einstigen Trägers zu vergegenwärtigen sucht. Fehlen aber die festen Punkte in dieser Gedankenreihe — die Gehörne und Geweihe nämlich —, so bleibt bloß der Schmerz, nicht aber die Lust der Erinnerung. Mancher gute Jäger verzichtet lieber auf das Vergnügen, einen guten Hirsch zu schießen, als auf das Geweih des Erlegten.

Unter Umständen kann der Wildstand zum Förderungsmittel der Waldpflege werden. Dies ist dann der Fall, wenn Eingatterungen nöthig werden, zu denen sich das Durchforstungsmaterial aus zu dichten Saaten vorzüglich eignet. Gewiß ist manche Dickung nur aus diesem Grunde durchforstet worden.

Schließlich muß ein gewisses Gefühl der Pietät der Jagd ihre Berechtigung zuerkennen. Man darf nicht vergessen, daß die Forstwirthschaft aus der Jagd hervorgegangen ist. Noch heute erinnert der Ausdruck „Jagen" für Wirthschaftsfigur daran; der Forstbeamte ist im Munde des Volks noch immer „der Jäger." Nicht alle Forstleute sind passionirte Jäger; aber der Fall ist doch selten, daß ein Angehöriger der grünen Farbe als directer Feind eines mäßigen Wildstandes auftritt. Wir dürfen dies sicherlich auf den Einfluß einer altehrwürdigen Ueberlieferung zurückführen, welche sich den Wald ohne Wild nicht zu denken vermag.

Historisch ist die Jagd auch noch insofern von Bedeutung, als die Fürsorge für sie den ersten Anstoß zu den strengen Bestimmungen der zwar vielfach ungerechten, aber durch ihre Tendenz gleichzeitig walderhaltend wirkenden Forstordnungen gab.

Alle diese mittelbaren oder unmittelbaren Vortheile der Jagd sind nicht zu unterschätzen, doch erfordert eine gerechte Beurtheilung der Sachlage, daß auch ihre Schattenseiten nicht verschwiegen werden. Die größeren Wildarten sind fast ausnahmslos im Walde wie auf dem Felde recht schädlich, können sogar die ganze Rentabilität der Waldwirthschaft in Frage stellen. Ganz besonders gilt dies vom Rothwild, das sich durch seine leidige, immer mehr zunehmende Neigung zum Schälen selbst die besten Jäger zu Feinden macht. Verbeißen, Zertreten, Umreiten von Heistern und sonstige Untugenden sind nicht angenehm, kommen aber gegen jenen Schaden gar nicht in Betracht, den das Schälen in Kiefern= und noch mehr in Fichtenrevieren ver= urfacht.¹) In letzteren ift wegen der glatten Rinde nicht einmal das ftärkere Stangenholz ficher.

Hin und wieder glückt es, einzelne Stücke abzuschießen, welche die Verführer find; ift das Schälen aber erft allgemein geworden, fo hilft radical nur ein Mittel, und das ift, fo traurig es auch fein mag, ein ftarker Abschuß. In diesem Falle ift es zweckmäßig, viel Mutter= wild abzuschießen, die Hirsche aber zu schonen — in erfter Reihe na= türlich die Spießer und Schneider. Der Wildftand wird dadurch zwar vermindert, es bleibt aber die — wenn auch wegen des Wanderns der Hirsche verringerte — Möglichkeit, einen guten Hirsch zu schießen; darin liegt doch aber eigentlich ganz allein der Reiz der Hochwildjagd.

Auch das Reh ift im Walde nicht unschädlich, doch läßt fich darüber viel eher hinwegsehen, wie über das Schälen des Rothwildes. Bei keiner Wildart forgen die Nachbaren fo fehr für den Abschuß, wie bei dem vertrauten Reh. Mit feinen weniger scharfen Sinnen — das Vernehmen ausgenommen — und feinem harmlosen Mittelchen, dem fogenannten „falschen Aesen," vermag es fich außerdem nicht ge= nügend zu schützen. Eine recht unangenehme Angewohnheit des Reh's ift es, mit wahrer Leidenschaft felbft die kleinfte Lücke im Wildgatter zum Durchkriechen zu benutzen. Wenn man recht schnell einen Bock haben will, fo braucht man nur innerhalb des nicht ftändig reparirten Culturgatters zu pirschen; dort fteht am ficherften einer. Das pflegt fich erft dann zu ändern, wenn der Forftbeamte für jedes Reh, das im Zaun betroffen wird, Strafe zahlen muß.

Von den kleineren Wildarten ift es eigentlich nur das Kaninchen, welches erhebliche Beschädigungen verurfacht. Es verdient deßhalb keine Schonung und findet auch keine. Ausrotten läßt es fich freilich nicht fo leicht.

---

¹) Heß nimmt an, daß die Kiefer (nebft Birke und Lärche) am wenigften geschält werde. In den öftlichen Provinzen trifft dies leider nicht zu. Die Inten= fität des Schälens ift local fehr verschieden, doch zumeift wird ebenfo ftark geschält wie in Fichtenrevieren. Der Unterschied liegt nur darin, daß die Fichte der Gefahr viel länger ausgesetzt ift.

Vom Standpunkt des Jägers und Forstmanns ist es zu bedauern, daß das im Walde überwiegend nützliche Schwarzwild ein so böser Feind der für die Allgemeinheit wichtigeren Landwirthschaft ist. Mit der heutigen Cultur verträgt es sich aber einmal nicht und muß daher verschwinden, so leid es dem Jägerherzen auch thut, der ritterlichen Kämpen, welche gelegentlich auch die Gefahren der Jagd empfinden lassen, immer weniger werden zu sehen. Eine Weile wird es wohl noch dauern, bis das letzte Stück ausgerottet ist. Die Vorliebe des Schwarzwildes für undurchdringliche Dickungen, sein nicht ungerecht= fertigtes Mißtrauen und die starke Vermehrung trotzen bislang er= folgreich der energischsten Verfolgung.

Den Staatsforstwirth verpflichtet seine große Verantwortung, auch die Nachtheile der Jagd für den Wald schärfer in das Auge zu fassen, wie den Privatwaldbesitzer. Damit ist aber nicht gesagt, daß dieser sich geflissentlich des Abwägens von Nutzen und Schaden der Jagd enthalten darf — zunächst ganz abgesehen davon, ob ihn gesetzliche Maßregeln dazu veranlassen oder nicht. Er darf den Wohlstand seiner Nachkommen nicht seiner Jagdpassion opfern. Verfasser denkt hierbei wiederum in erster Linie an das Schälen des Rothwildes und seine Folgen. Der jetzige Besitzer eines Privatwaldes ärgert sich wohl darüber, einen eigentlichen Schaden hat er selbst jedoch nicht, um so sicherer trifft dieser aber seine Kinder und Kindeskinder. Ein stark — besonders zur Sommerszeit — geschälter Stamm vegetirt wohl weiter, wenn ihn Borkenkäfer oder Schnee nicht vollends tödten, aber viel brauchbares Nutzholz giebt er niemals mehr, hat mithin in späteren Zeiten kaum den halben Werth; vielleicht noch nicht einmal so viel, da die Brennholzerzeugung von Jahr zu Jahr unwichtiger und daher unrentabler wird.

Der Besitzer muß daher wohl überlegen, ob er bei der Alter= native zwischen starkem Wildstand und zukünftiger Brennholz= d. h. Verlustwirthschaft und mäßigem Wildstand und Nutzholzwirthschaft, es nach Pflicht und Gewissen verantworten kann, das erstere zu wählen. Der rege Familiensinn, welcher sich gerade in den Kreisen der größeren Grundbesitzer so stark bethätigt, pflegt in Bezug auf die Jagd nicht ebenso einflußreich zu sein. Die Mehrzahl der Besitzer ist zwar gern bereit, zum Vortheil ihrer Nachkommen auf mancherlei Einnahmen oder

Annehmlichkeiten zu verzichten, bei der Jagd fällt ihnen dagegen jede Entsagung schwer.

Den schwersten Schlag würde der Jagd der obligatorische Wild-schadensersatz zufügen. Die Wildschadensersatzfrage hat in neuerer Zeit eine Hochfluth von Broschüren, Abhandlungen und Vorträgen hervor-gerufen; manche derselben tragen jedoch den unverkennbaren Stempel der Theorie. So selbstverständlich es auf den ersten Blick erscheint, daß derjenige, aus dessen Wald das Wild austritt, für den Ersatz des durch dasselbe angerichteten Schadens zu sorgen hat, so wenig läßt sich diese Auffassung aufrecht erhalten bei eingehender Prüfung der Verhältnisse. Ohne Grund haben die Bearbeiter des Entwurfs eines bürgerlichen Gesetzbuchs sich gewiß nicht auf einen anderen Standpunkt gestellt wie der Juristentag, welcher bekanntlich für den Wildschadensersatz eintrat. Abgesehen von der practischen Unburchführbarkeit, läßt sich mithin auch juristisch die Verpflichtung zum Wildschadensersatz nicht mit zweifelloser Sicherheit herleiten.[1]

Wer so viel land- oder forstwirthschaftlich nutzbares Gelände sein Eigen nennt, daß er die Jagd selbst ausüben darf, kann wohl kaum einen Anspruch auf Wildschadensersatz erheben. Wo wäre auch die Grenze zu finden, von wo ab die Berechtigung dazu einträte! Bei den gemeinschaftlichen Jagdbezirken wird man zunächst an dem Grundsatz festzuhalten haben, daß die Jagdpachtgelder zur Deckung des Wild-schadens dienen müssen, wenn auch gewisse Ausnahmen — z. B. bei Enclaven — zulässig erscheinen. Man wird einwenden, daß die Jagdpachtgelder oft zu gering seien, um die ungünstig gelegenen Be-sitzer voll zu entschädigen. Gewiß liegt dies dann gewöhnlich daran, daß die Jagdpacht zu niedrig bemessen ist. Wo Wildschaden vorkommt, ist auch Gelegenheit, Hochwild abzuschießen, womit eine größere Geld-

---

[1] Beseler bemerkt in seinem „System des gemeinen Deutschen Privatrechts." Berlin 1885 Abth. II S. 900 kurz und bündig: „Wo das Jagdrecht auf fremdem Grund und Boden aufgehoben und dem Eigenthümer eingeräumt worden ist, da fehlt es in der Regel an einem Grund zur Ersatzverbindlichkeit wegen Wildschadens. Auch läßt sich ja, wenn die Jagd freiwillig oder zwangsweise verpachtet wird, con-tractlich das Erforderliche festsetzen, und für gemeinschaftliche Jagdbezirke anderweitige Vorsorge treffen." Es ist dies derselbe Standpunkt, den das Jagdpolizeigesetz vom 7. März 1850 einnimmt.

einnahme verknüpft ist. Wenn die Jagdpacht trotzdem für den obigen
Zweck nicht ausreicht, so ist der Grund in der Art der Verpachtung
zu suchen. Würde die Jagd ausnahmslos meistbietend verpachtet, so
fänden sich bei der heutigen bequemen Bahnverbindung sicherlich überall
vermögende Leute, welche das Vergnügen, einen Hirsch, oder auch nur
ein Stück Wild zu schießen, theuer bezahlten, außerdem auch wohl noch
unmittelbar jeden Wildschaden vergüteten. Hat der benachbarte Wald=
besitzer die Feldjagd auf diese Weise angepachtet und muß viel dafür
bezahlen, weil er getrieben wurde, so kann er sich nicht darüber be=
schweren. Die meistbietende Verpachtung bildet jedoch n i c h t die Regel.
Wer die ländlichen Verhältnisse kennt, weiß, daß in den meisten
Fällen gewisse tonangebende Elemente die Jagd für sich reserviren, aber
nicht viel dafür bezahlen wollen. Dann reicht das Jagdpachtgeld na=
türlich nicht aus, um den Wildschaden daraus zu decken. Von einer
freiwillig übernommenen bezüglichen Verpflichtung der Jagdpächter wird
in diesem Falle wohl selten oder nie die Rede sein.

Man glaube nicht, daß der g e s a m m t e n Landbevölkerung mit
der Eingatterung der Hochwildreviere gedient wäre, so gern auch zu=
gegeben wird, daß dies häufig zutreffen würde. Ein Beispiel hierfür
bietet ein Vorkommniß aus eigener Praxis. Einem Großgrundbesitzer
wurde die benachbarte Gemeindejagd nicht wieder verpachtet, obwohl er
den Dorfbewohnern während der vorhergegangenen Pachtperiode in
jeder Weise, auch bei berechtigten Klagen über Wildschaden, entgegen=
gekommen war. Um nun nicht sein ganzes Wild preiszugeben, zäunte
er seinen Wald ein, soweit dieser mit jener Feldmark grenzte. Man
hätte nun glauben sollen, daß dadurch allgemeine Befriedigung hervor=
gerufen wäre. Weit gefehlt! Die Gemeinde setzte unter Berufung
auf veraltete Landrechtsparagraphen alle Hebel in Bewegung, um den
Waldbesitzer zur Fortnahme des Zauns zu zwingen — natürlich
vergeblich.

Das beste Mittel, den fortgesetzten Klagen über Wildschaden die
Spitze abzubrechen, ist die Reduction übermäßiger Wildstände.

Der äußere Glanz und Schimmer der Jagd verblaßte längst,
aber noch heute ist Deutschland der Hort waidgerechter Jagd; noch er=

dröhnt in ſo manchem Revier der gewaltige Brunftſchrei des ſtarken Hirſches und läßt das Herz des guten Jägers höher ſchlagen. Möge es auch ferner ſo bleiben; möglich iſt dies aber nur dann, wenn jede Uebertreibung fern gehalten wird. Wild und Waldwirthſchaft ſchließen ſich keineswegs aus; auch die Landwirthſchaft wird durch einen mäßigen Wildſtand kaum geſchädigt. Der moderne Culturſtaat kann das Wild ſehr wohl dulden — ſich ihm aber unterzuordnen, das vermag er nicht.

VI. Waldwirthſchaft und Landwirthſchaft.

Wo immer der Wald mit der Landwirthſchaft in Berührung gekommen, ſtets iſt er der Geber, die letztere die Nehmerin geweſen. Handelt es ſich um die Umwandlung von Wald in Acker oder Wieſe, ſo läßt ſich vom privatwirthſchaftlichen Standpunkt Nichts dagegen einwenden, falls die letztere Benutzungsweiſe zweifellos nachhaltig vortheilhafter iſt, und der übrige Wald nicht darunter leidet. Bedenklicher iſt ſchon eine erhebliche Ausdehnung der Nebennutzungen. Als ganz verfehlt muß es aber bezeichnet werden, wenn Wald und Acker wirthſchaftlich unter einen Hut gebracht werden, ſo daß die Waldwirthſchaft nicht die nöthige Selbſtſtändigkeit erlangen kann. Dieſes Verhältniß iſt ohne ernſten Schaden für den Wald nicht denkbar, da beide Wirthſchaftsarten durchaus verſchieden ſind.

Obwohl bereits verſchiedentlich einiger Unterſchiede gedacht worden, ſo erſcheint es doch zweckmäßig, genauer auf dieſelben einzugehen, da die Selbſtſtändigkeit der Waldwirthſchaft nur dann angebahnt werden kann, wenn der Beſitzer von Wald und Feld zu der Ueberzeugung gelangt, daß ſo heterogene Elemente ſich nicht gewiſſermaßen in einen Betrieb zuſammenfaſſen laſſen.

An gleiche Bedingungen geknüpft ſind Land- und Forſtwirthſchaft nur inſofern, als ſie Beide im Boden wurzelnde Urproductionen, mithin die wichtigſten, wenn auch leider nicht mehr ſicherſten Quellen des Nationalvermögens ſind. Der Character der Urproduction bedingt ferner, daß Beide durch die Größe des nutzbaren Landes beſchränkt

sind. Sie gleichen schließlich darin, daß unbegrenzte Theilung ver=
derblich wird; doch ist in dieser Beziehung die Forstwirthschaft schon
viel gefährdeter wie die Landwirthschaft. Fast in allen anderen Be=
ziehungen sind sie dagegen weit von einander verschieden.

Die Landwirthschaft ist viel beweglicher, weil zwischen Saat und
Ernte nur eine kurze Spanne Zeit liegt. Mißerfolge und Wirkungen
von Verbesserungen und Aenderungen treten sehr bald zu Tage. Die
Landwirthschaft vermag sich deßwegen — besonders durch ihre Verbin=
dung mit der Viehzucht — unmittelbar den Conjuncturen anzupassen;
sie ist mithin für die Speculation relativ geeignet, um so mehr als
ihre Erzeugnisse höherwerthig und leichter transportabel sind. Ihr Be=
trieb ist uralt, es existiren demnach über die wichtigsten Fragen so viele
Erfahrungen, daß Zweifel darüber ausgeschlossen sind.

In der Forstwirthschaft zeigen sich die Folgen schlechter Wirth=
schaft dagegen erst sehr spät. Es kann Jahrzehnte lang nach falschen
Principien weiter gearbeitet werden, ohne daß die damit verbundene
Gefahr erkannt wird. Ein verwirthschafteter Wald bedarf wenigstens
eines, meist aber mehrerer Menschenalter, um wieder in einen guten
Zustand zu gelangen. Plötzliche Aenderungen des Wirthschaftssystems
können im Walde verhängnißvoll werden; sie sind überhaupt nur be=
schränkt möglich, falls der Betrieb bereits ein geordneter war. Unter
der letzteren Voraussetzung spielt die Speculation nur insofern eine
Rolle, als es sich um die beste Verwerthung der nachhaltig beziehbaren
Naturalrente oder die Wahl der anzubauenden Holzart und deren Er=
ziehung zu Nutzholz handelt. Diese waldbauliche Speculation wird
durch die Ansprüche und Eigenschaften der Holzarten noch dazu in sehr
engen Grenzen gehalten. Die Waldwirthschaft ist freilich nicht mehr
so die „Wirthschaft des Abwartens" wie vor 40 Jahren, da selbst die
Technik die einfache Schablone nicht mehr gestattet, die Natur nicht
von selbst das beste Nutzholz liefert, der Handel in ganz andere Bahnen
gelenkt ist (Lehr), indessen klebt ihr doch nach wie vor eine gewisse
Schwerfälligkeit an, welche die Speculation bis auf jene Ausnahmen
ausschließt. Wird trotzdem speculirt, so kann man fast immer daraus
schließen, daß es sich um keine geordnete, sondern um eine — bemän=
telte oder nicht bemäntelte — Raubwirthschaft handelt. Der Trans=
port des Holzes ist zwar gegen früher sehr erleichtert, doch auf der

Eisenbahn wenigstens im Verhältniß zum Werth immer noch theurer wie der von Getreide, Vieh u. f. w. Bei demjenigen Product der Forstwirthschaft, das leider noch immer weit über die Hälfte des er= zeugten Holzes ausmacht, dem Brennholz, würde der Transport auf weitere Entfernungen nur dann lohnen, wenn es keine fossilen Kohlen gäbe. Es erklärt sich hierdurch der Preisunterschied des Holzes in verschiedenen Gegenden, während ein solcher bei den Erzeugnissen der Landwirthschaft kaum mehr vorhanden ist. — Die Forstwissenschaft ist schließlich so jung, daß noch manche wichtige Frage offen geblieben ist. Forstliche Generalregeln lassen sich überhaupt nur mit großer Vorsicht geben.

Die Concurrenz ist zwar für die Landwirthschaft eine erdrückende, jedoch ganz vorwiegend nur mit gleichartigen Gütern, weniger mit Surrogaten. Diejenige dagegen, unter der die Holzproduction zu leiden hat, ist eine doppelte, einmal, weil das Ausland denselben Stoff producirt und importirt, und dann, weil Stein, Eisen und Mineralkohlen das Holz vielfach zu ersetzen vermögen.

Der landwirthschaftlich benutzte Boden kann durch Düngung und sonstige Meliorationen ertragsfähiger gemacht werden, der im regel= mäßigen Turnus wechselnde Anbau verschiedener Feldfrüchte entzieht demselben die wichtigeren mineralischen Nährstoffe gleichmäßiger. Im Walde ist die Düngung mit fremden Stoffen fast ausgeschlossen, ebenso sind Bodenmeliorationen nur unter ganz besonderen Verhältnissen zweck= mäßig. Die Ausnutzung der mineralischen Nährstoffe des Bodens ist eine viel ungleichmäßigere. Es wird dies jedoch dadurch ausgeglichen, daß der Holzwuchs jährlich nur geringer Mengen von Mineralsalzen bedarf.[1] Ein der landwirthschaftlichen Fruchtfolge vergleichbarer Wechsel der Holzarten nach Ablauf der Umtriebszeit ist daher nicht erforderlich. Es wird zwar behauptet, daß der Boden dieser oder jener Holzart „müde" geworden sei. Dieser Behauptung gegenüber darf man sich aber doch wohl etwas skeptisch verhalten. Gerade die so sehr den Boden bessernde Buche soll es meist sein, deren der Boden müde ge= worden ist. Es ist ein merkwürdiges Zusammentreffen, daß die Buchen= hochwaldreviere gerade die verwirthschaftetsten sind![2]

---

[1] Vergl. Abschnitt „Nebennutzungen" S. 109.
[2] Borggrebe sagt in seiner „Holzzucht" S. 33: „Tanne und Buche sind

Die Arbeit wird in der Landwirthschaft durch ausgedehnte An=
wendung von Maschinen billiger und gleichmäßiger ausgeführt. In
der Forstwirthschaft hat die Arbeit mit der Maschine eine sehr unter=
geordnete Bedeutung; die Handarbeit — welche übrigens theurer ist
wie in der Landwirthschaft[1]) — hat sich trotz aller entgegen stehenden
Versuche behauptet, bietet mithin dem Arbeiter ein sichereres Brod.

Das Versicherungs= und Creditwesen hat in der Landwirthschaft
eine große Ausbildung erfahren; in der Forstwirthschaft ist dies in der=
selben Weise unmöglich. Eine Versicherung ist nur gegen Feuer ver=
sucht worden; so übernehmen die Magdeburger Feuerversicherungs=
Gesellschaft und die Colonia Versicherungen.[2]) Es fehlt jedoch noch
zu sehr an dem genügenden statistischen Material, dessen jede Ver=
sicherung bedarf; auch dürften so viel Momente auf die Bemessung der
Prämien von Einfluß sein — so Holzart, Alter, Lage, Größe der
Schonungscomplexe u. s. w. — daß nur eine ganz willkürliche Fest=
setzung derselben möglich erscheint. Die Sicherung gegen Feuerschaden
würde nur eine einseitige sein, da dem Walde noch zahlreiche andere
Gefahren drohen; schließlich könnte auch jederzeit der Einwand falscher,
die Feuersgefahr begünstigender Wirthschaft erhoben werden.

Die Brandversicherung der Forstbeamten (ein eigener Verein),[3])
die Unfall= und Krankenversicherung der Arbeiter hängen mit der eigent=
lichen Waldwirthschaft nicht zusammen, gehören also kaum hierher.

Ebenso hält es schwer, einen dem Werth ·des Waldgrundstücks

---

mithin die endlichen, natürlichen und dauernden Beherrscher einer durch namhafte
Eingriffe des Menschen 2c. nicht gestörten Vegetation auf allen ihnen . . . . . zu=
sagenden Standorten." Jedenfalls viel richtiger wie die Behauptung der „Boden=
müdigkeit."

[1]) Vergl. Abschnitt „Forstbenutzung" S. 96.

[2]) Lehr „Forstpolitik" a. a. O. S. 575; vergl. auch Heß „Forstschutz"
S. 521.

[3]) Es wird jedem Privatforstbeamten warm empfohlen, Mitglied dieses
Vereins, dessen Wirken ein außerordentlich segensreiches ist, zu werden. Am Schluß
des Jahres 1888 zählte derselbe bereits 5247 Mitglieder.

Die Versicherungs=Anträge sind zu richten an den Bezirksvorstand des Brand=
versicherungs=Vereins preußischer Forstbeamten z. H. des Oberforstmeisters des be=
treffenden Regierungsbezirks. Auskunft ertheilt jeder benachbarte Königliche Ober=
förster, durch dessen Hände i. d. R. die Correspondence geht.

entsprechenden Immobiliarcredit zu erhalten, da die Landschaften, Hypo=
thekenbanken und Privatgläubiger in dieser Beziehung sehr mißtrauisch
sind, und es auch sein müssen. In der That bietet nicht einmal
die Wirthschaft nach einem Flächen=Betriebsplan genügende Sicherheit,
denn daß die Schläge sich innerhalb der vorgeschriebenen Größe halten,
ist noch kein Beweis für die ordnungsmäßige und nachhaltige Wirth=
schaft. Die nicht zur I. Periode gehörenden Bestände können nämlich
unter dem Titel „Durchforstung, Aushieb, Lichtungshieb u. s. w." der=
artig durchhauen werden, daß trotz des Betriebsplans der Wald devastirt
wird. Es dürfte dies ein neuer Beweis dafür sein, daß das Flächen=
fachwerk nicht in den Privatwald paßt.[1])

Der Verkauf eines Landguts ist — wenn auch vielleicht mit
Verlust — immer möglich, da jeder Theil einen gewissen, wenigstens
annähernd berechenbaren Werth repräsentirt. Der ganze oder theil=
weise Verkauf eines Waldguts ist dagegen nicht leicht — glücklicher=
weise, denn wo er vorkommt, ist recht häufig Waldschlächterei mit im
Spiele. Die Werthsberechnung ist eine sehr schwierige und unsichere,
da der Werth eines Waldes ein sehr relativer Begriff ist. Direct zu
berechnen ist nur der Verkaufswerth des Bodens und der technisch
brauchbaren Bestände; die jüngeren Bestände haben privatwirthschaftlich
nur dann einen positiven Werth, wenn sie zum Zweck der Bewirth=
schaftung, nicht der Waldausschlachtung angekauft werden; um den
allgemeinwirthschaftlichen Werth kümmert sich der Waldbesitzer nur
dann, wenn das Gesetz ihn dazu zwingt. Theils hierin, theils in dem
Außerachtlassen des Werths der Nebennutzungen liegt es wohl begründet,
daß, wie die Erfahrung lehrt, bei Waldankäufen der Käufer den ge=
zahlten Kaufpreis häufig schon aus dem Erlöse für das alte Holz heraus=
schlägt. Bei dem Verkauf von Landgütern findet meist das Umgekehrte
statt; dieselben pflegen so über den Kopf bezahlt zu werden, daß es
nicht möglich ist, die Zinsen herauszuschlagen.

Behagt es dem Besitzer nicht, sein Gut selbst zu bewirthschaften,
so kann er es verpachten und sich dabei doch contractlich sichern, daß
die Substanz des Guts nicht darunter leidet. Bei dem Culturzustande
Preußens ist Waldverpachtung ausgeschlossen. Dieselbe ist nur im Ur=

---

[1]) Vergl. Abschnitt „Forstabschätzung" S. 29.

walde (z. B. im Kaukaſus) anwendbar, führt aber natürlich zum völligen Ruin des Waldes.

Selbſt kleine Landgüter können die erzeugten Rohſtoffe weiter verarbeiten und ſich den Unternehmergewinn bei der Veredlung zu Nutze machen. In der Waldwirthſchaft iſt dies nur in ſehr großen Betrieben oder bei Aſſociation möglich.

Der Eifer der landwirthſchaftlichen Beamten wird zweckmäßig durch Gewährung von Tantièmen angeſpornt; den Forſtbeamten eine ſolche zu geben, iſt fehlerhaft.[1]

In der Landwirthſchaft ergiebt ſich der jährliche Ertrag von ſelbſt, in der Waldwirthſchaft muß er erſt berechnet werden. —

Die erſtere wird gegen Gefahren, welche ihr bei nachläſſiger Wirthſchaft der Nachbaren drohen, durch das Geſetz geſchützt, bei der letzteren iſt dies nur unter Umſtänden der Fall; ob einzelne Land= wirthe Raubbau betreiben, kann der Allgemeinheit wie den Nachbaren gleichgültig ſein; die forſtliche Raubwirthſchaft bedingt häufig ſchwere Schädigungen der Nachbarſchaft.

Faſt alle vorſtehend genannten Unterſchiede involviren eine un= günſtigere Stellung der Waldwirthſchaft; doch giebt es noch einige andere und zwar z. Th. recht wichtige, welche für dieſe ſprechen.

Der Betrieb der Landwirthſchaft iſt bei uns ſo intenſiv geworden, daß eine ſehr bedeutende Steigerung der rationellen Bodenausnutzung ſich kaum mehr erwarten läßt. Die Forſtwirthſchaft hat dagegen in den Staatswaldungen kaum, in den Privatwaldungen ganz ſicher nicht, einen verhältnißmäßig ebenſo hohen Grad der Intenſität erreicht. Trotzdem kämpft die erſtere einen harten Kampf um das Daſein, dem ſie zu erliegen droht. Mit der extenſiven Wirthſchaft des Auslandes, welche Productionskoſten kaum aufzuwenden braucht, kann ſie bei der Hebung des Verkehrsweſens nur noch dann concurriren, wenn ſie durch ausreichende Agrarzölle geſchützt iſt. Die Waldwirthſchaft kann zwar ebenfalls nur unter dem ſtaatlichen Schutz gegen ungeſunde Concurrenz gedeihen, hat aber den nicht hoch genug anzuſchlagenden Vorzug, daß ſie noch ſehr entwicklungsfähig iſt.

Die Arbeitsintenſität der Waldwirthſchaft iſt eine beſchränkte.

---

[1] Vergl. Abſchnitt „Die Privatforſtbeamten“ S. 23.

Die Landwirthschaft braucht trotz der ausgebreiteten Anwendung von Maschinen immer noch viel mehr Arbeitskräfte wie der Wald. Unter heutigen Verhältnissen ist dies als ein entschiedener Vorzug der Wald= wirthschaft zu betrachten, da die Arbeitskräfte von der Industrie auf= gesaugt werden. ¹) Ebenso entzieht diese der Landwirthschaft fortdauernd mehr und mehr von dem nöthigen Capital. Bei der Waldwirthschaft bildet sich dasselbe in ganz anderer Weise aus sich selbst heraus, und ist daher jener Gefahr weniger ausgesetzt.

Die Landwirthschaft stellt im Allgemeinen an das Klima höhere Ansprüche und ist von der Witterung und Bodenausformung abhän= giger wie der Wald als Ganzes betrachtet. Von anderen Gefahren ist der Wald wohl an und für sich nicht mehr bedroht wie die Land= wirthschaft. Lehrt die Erfahrung scheinbar das Gegentheil, so über= sieht man, daß ein großer Theil derselben nicht durch die Eigenartig= keit des Waldes, sondern durch seine fehlerhafte Bewirthschaftung be= dingt wird.

Daß die Landwirthschaft den guten Boden höher auswerthet wie der Wald, ist richtig; auf den ärmeren und ärmsten Böden ist jedoch ebenso zweifellos das Gegentheil der Fall, ja auf Hunderten von Quadratmeilen ist die Waldwirthschaft überhaupt die allein mögliche Form der Bodenwirthschaft. Bei einem Vergleich der Rentabilität beider Wirthschaftsarten wird dies häufig außer Acht gelassen.

Der Landwirth muß seine Producte bald verkaufen oder verarbeiten, da sie sonst minderwerthig werden, der Forstwirth kann bessere Zeiten abwarten, ohne daß er auch nur die Zinsen verliert, welche der Wald zum Capital schlägt. Die Landwirthschaft bedarf vieler Gebäude, wo= durch große Kosten erwachsen, bei der Waldwirthschaft ist dies nicht der Fall.

In der Landwirthschaft bedeutet der genossenschaftliche Betrieb — von gewissen Ausnahmen abgesehen — eine extensive Wirthschaft, in der Waldwirthschaft erhöht die Zusammenlegung kleiner Betriebe die Intensität.

---

¹) Von 1875 bis 1885 hat Preußen rund zwei Millionen Einwohner vom flachen Lande in die Städte abgegeben! Vergl. die Verhandlungen der Vereinigung der Steuer= und Wirthschaftsreformer im Februar 1889.

Nach Baur hat sich die landwirthschaftliche Grundrente aus der steigenden Nachfrage entwickelt; die forstwirthschaftliche ist dagegen aus dem sinkenden Angebot herausgewachsen. —

Es würden sich wohl noch zahlreiche andere Unterschiede herausfinden lassen, doch dürften die angeführten schon genügen, um die Verschiedenheit beider Wirthschaftsarten zu beweisen. Wenn daher ein sonst klares und practisches kleines Buch[1] mit den Worten beginnt: „Eng verwandt und stellenweise innig verbunden mit der Landwirthschaft ist die Forstwirthschaft", so kann Verfasser dieser Variation eines Roscher'schen Ausspruchs — den derselbe übrigens selbst sehr wesentlich modificirt — nur darin zustimmen, daß leider der zweite Theil der Behauptung noch immer zutrifft;[2] gegen die enge Verwandtschaft glaubt er aber energisch protestiren zu müssen.

Eben darin, daß der Wald als ein Pertinenzstück der Landwirthschaft angesehen worden ist, d. h. als „solche Sache, welche ohne Bestandtheil zu sein, als Bestandtheil behandelt wird" (Ziebarth), dürfen wir einen der wesentlichsten Gründe für den schlechten Zustand vieler Privatwaldungen, insbesondere der kleinen und kleinsten erblicken. Eine Wirthschaft, welche sich nicht selbstständig entwickeln kann, sondern in den Banden einer anderen schmachtet, welche ganz andere Zwecke verfolgt, kann nun und nimmermehr gedeihen; um so weniger natürlich, in je höherem Grade sie jene mit ihrem eigenen Lebensmark ernähren muß. Der Schluß des vorstehenden Satzes soll selbstverständlich nicht den Stab über die Nebennutzungen brechen, wie dies weiter oben bereits ausgeführt worden ist; unbedingt vermieden muß es jedoch werden, auf Nebennutzungen zu wirthschaften.

---

[1] „Kurzer Leitfaden zum forstlichen Unterricht an landwirthschaftlichen Schulen" von H. Kottmeier. Hannover 1888.

[2] Vergl. die als Anhang beigefügte Tabelle I. Auch diese ist dem Augustheft 1884 der „Monatshefte zur Statistik des Deutschen Reichs" entnommen.

VII. Der Staat und die Privatwaldwirthschaft.

1. Die staatlichen Förderungsmittel der Privatwaldwirthschaft.

a. Die Holzzölle.

Das Zolltarifgesetz vom 15. Juli 1879 leitete eine neue Periode der deutschen Zollpolitik ein, welche damit das durch Gesetz vom 1. Mai 1865 sanctionirte Princip des Freihandels verließ. Ein ferneres Kennzeichen dieses Wendepunkts war die Aufhebung der unheilvollen Differentialtarife und Refactien, welche zur Einfuhr geradezu aufforderten. Die Einfuhr von Brennholz blieb zwar mit Recht frei, dagegen wurde Roh-Nutzholz mit einem geringen Zoll (0,60 Mk. pro fm) belegt, bearbeitetes Holz ebenfalls besteuert, doch nicht entsprechend höher (1 fm gesägt oder auf anderem Wege vorgearbeitet nur 1,50 Mk.). Diese Zollsätze genügten nicht, wie sich bald herausstellte, und somit entsprach die Zolltarifnovelle vom 22. Mai 1885, welche den Zoll für Roh-Nutzholz verdoppelte (pro fm 1,20 Mk.), bearbeitetes Holz, besonders Brettwaaren aber wesentlich höher besteuerte (nicht gehobelte Bretter pro fm 6 Mk.), einem thatsächlich vorhandenen Bedürfniß.

Wie jede gesetzliche Maßregel hat auch der Holzzoll seine Gegner. Zu bedauern ist es nur, daß diese Gegnerschaft z. Th. auf durchaus unklaren und falschen Vorstellungen über Natur und Existenzbedingungen der Waldwirthschaft beruht.

Was der Holzzoll als Finanz- oder Kampfzoll leistet, gehört nicht hierher. Der wohlthätige Einfluß, welchen derselbe als Schutzzoll auf die Waldwirthschaft ausübt, ist ein doppelter. Erstens schützt derselbe direct die nationale Production[1]) und zweitens wirkt er indirect wald-

---

[1]) Der Wald ist zwar nicht in demselben Maße die Stätte der Arbeit wie andere Gewerbe; immerhin steckt jedoch ein gutes Theil davon in ihm und hat mithin Anspruch auf Schutz. Von welcher Bedeutung die Arbeit im Walde — ungerechnet die intelligente Arbeit des Besitzers und der Beamten — vom volkswirthschaftlichen Standpunkt ist, ergiebt sich aus einer einschlagenden Berechnung in Danckelmann's trefflicher Waldschutzschrift „Die Deutschen Nutzholzzölle." Berlin 1883. Wird hiernach auf Grund von Durchschnittssätzen das Lohneinkommen aus

erhaltend zu Gunsten der Allgemeinheit. Von freihändlerischer Seite ist behauptet worden, daß eine Erhöhung der Holzpreise zu einer stärkeren Ausnutzung der Wälder führen würde. Dem hält Danckelmann treffend entgegen, „daß die Geschichte der Wälder seit mehr als 100 Jahren in großen, nicht leicht auszulöschenden Schriftzügen das Gegentheil jener Behauptung lehre." In Rußland ist die Waldverwüstung nur durch die von den Holzhändlern gezahlten Schleuderpreise möglich geworden. Es betrug in jenem Lande nach Danckelmann der Rohertrag pro ha Staatswald 0,28 Mk., in Preußen 1884/85 23,27 Mk. Man vergleiche dabei die schonende Wirthschaft in den preußischen Staatsforsten und die Raubwirthschaft in Rußland!

Es ist wohl von Interesse, kurz die wichtigsten ferneren Gründe zu beleuchten, welche gegen den Holzzoll als Schutzzoll geltend gemacht worden sind.

Das Hauptargument gegen jeden Schutzzoll hat bei den Holzzöllen gar keine Bedeutung. „Rentirt eine Production nicht mehr," lehrt die Freihandelstheorie, „so ist es im allgemeinen Interesse besser, die Kräfte und Capitalien werden anderen Wirthschaftszweigen zugewendet, als daß die nicht mehr lohnende Gütererzeugung durch Schutzzölle unterstützt wird." Damit wird eine internationale Arbeitstheilung als erstrebenswerth bezeichnet. Deutschland ist nun aber einmal mit einem

---

den deutschen Waldungen pro Jahr und Hectar auf 6 Mark angenommen, so ergiebt sich für die Gesammtfläche von 13873 Tausend Hectar ein jährlicher Arbeitslohn von 83 Millionen Mark, wozu noch ein Fuhrlohn von ca. 51 Millionen Mark tritt. Viel höher stellt sich der Arbeitsverdienst, welchen die Verarbeitung und Veredlung deutschen Holzes gewährt, nämlich auf 417 Millionen Mark. An Lohn für Waldarbeit, Holzfuhren, Holzindustrie entfallen demnach auf die deutschen Waldungen 551 Millionen Mark, welche bei einem Jahres-Unterhaltsbedarf von 500 Mark pro Familie, 1100000 Arbeiterfamilien vollen Verdienst gewähren, abgesehen von den z. Th. sehr werthvollen Nebennutzungen, welche der Wald außerdem liefert. — Wenn auch die Forstwirthschaft wenig arbeitseigen ist, so ist es doch klar, daß der absolute Waldboden bei forstwirthschaftlicher Benutzung immer noch mehr Arbeitsgelegenheit bietet, als wenn er brach liegen bleibt. Träte der letztere Fall ein, so würde damit das Zurückgehen vieler kleiner Wirthschaften verbunden sein, welche allein ihren Mann nicht nähren, sondern ihn auf die Arbeit im benachbarten Walde anweisen. Es kommt noch hinzu, daß gerade diese Wirthschaften noch immer der Waldnebennutzungen nicht entbehren können.

großen Bruchtheil seiner Fläche auf die Waldwirthschaft angewiesen; es würde also das Todesurtheil über den Wald gesprochen sein, gleichgültig, ob gewaltige Flächen absoluten Waldbodens damit überhaupt aufhören, eine, wenn auch geringe, Rente abzuwerfen, ob die schädlichen Folgen der Entwaldung dem Volkswohlstand unheilbare Wunden schlagen. Diese Besonderheit der Waldwirthschaft verkennt Lehr,[1] einer von den wenigen nicht nur allgemein, sondern auch fachwissenschaftlich vorgebildeten Gegnern des Holzzolles, nicht.

Daß die Transportschwierigkeit selbst bei minderwerthigen Gütern von verhältnißmäßig großer Schwere, sofern sie überhaupt nur auf dem Weltmarkt gefordert werden, keinen ausreichenden Schutz gewährt, kann bei der heutigen Entwicklung des Verkehrswesens keinem Zweifel unterliegen. [2]

Es ist ferner behauptet worden, die Raubwirthschaft in den hauptsächlich Holz exportirenden Ländern[3] müsse doch endlich einmal ein Ende nehmen. Das ist wohl möglich, aber bis dahin ist die deutsche Privatwaldwirthschaft wenigstens vernichtet. Die ewige Persönlichkeit des Staats vermag den Kampf schon eher aufzunehmen, muß dies auch unter allen Umständen, weil die Staatswaldungen nicht bloß fiscalischen Zwecken dienen.

Bei den großen Waldschätzen[4] jener Länder dürfte dieser Zeitpunkt auch wohl erst recht spät eintreten, da die letzteren ebenfalls

---

[1] „Die neuen Deutschen Holzzölle.“ Jena 1880 S. 23.

[2] Vergl. Abschnitt „Forstbenutzung“ S. 91.

[3] Interessante Berichte hierüber finden sich u. A. in verschiedenen Jahrgängen der „Zeitschrift für Forst- und Jagdwesen;“ so z. B. über schwedische Waldungen vom Forstassessor Babstübner (1887 und 1888); über die Waldfrage in Nord-Amerika von John Booth (1880). Neuerdings sind zwei Werke erschienen, welche sich eingehend mit dieser Sache beschäftigen (Max Sering „Die landwirthschaftliche Concurrenz Nord-Amerika's in Gegenwart und Zukunft" und Heinrich Semler „Tropische und nordamerikanische Waldwirthschaft und Holzkunde“). Die Waldverwüstungen in Rußland und Finnland hat Verfasser aus eigener Anschauung kennen gelernt. Auf einer Tour von Wyborg in das Innere Finnland's sah derselbe mehrere Birkenschläge, in denen das Holz noch fast unberührt lag und faulte: Die Bauern hatten nur das Laub und die dünnen Aeste als Viehfutter genommen!

[4] Rußland allein hat nach Danckelmann a. a. O. S. 42 14mal mehr Waldfläche wie Deutschland.

eifrig bemüht sind, ihre Verkehrsmittel zu heben. Es kommt noch
hinzu, daß in den östlichen Ländern der Wald sich trotz der denkbar
schlechtesten Behandlung auf großen Flächen von selbst wieder ergänzt.
Die in der Richtung von W. nach O. zunehmende Empfänglichkeit
auch des ärmeren Bodens für Naturbesamung, läßt sich bereits bei
einer Wanderung durch die preußischen Provinzen constatiren. — Ist
die Wirthschaft in Oesterreich's Waldländern keine Raubwirthschaft,
wie hochgestellte österreichische Forstbeamte versichern, so ist es um so
schlimmer für uns. Voraussichtlich dürfte mithin der Wettbewerb des
Auslandes noch recht lange dauern; dies rechtfertigt mithin ebenfalls
einen gemäßigten Schutzzoll, was bei einem nur vorübergehenden Noth=
stande nicht der Fall sein würde.

Ein sehr schwer wiegender Einwand gegen den Holzzoll würde der
dadurch etwa verursachte Rückgang der holzverarbeitenden Gewerbe sein.
Daß dies nicht der Fall gewesen, beweist die erfreuliche Besserung,
welche im gesammten Holzgeschäft seit einiger Zeit verzeichnet werden
kann. Außerdem werden die Holzindustrien, speciell die Sägemühlen,
für die geringe Vertheuerung des Rohmaterials durch die höheren Zölle
für bearbeitetes Holz entschädigt. Nicht zu unterschätzen ist auch der
zunehmende Verbrauch inländischen Holzes zu feineren Arbeiten, wo=
durch gleichzeitig der Beweis geliefert wird, daß die Bevorzugung des
ausländischen Holzes z. Th. auf Vorurtheilen beruht hat.

Die wichtigste, ganz besonders den Privatwald berührende Frage
bleibt jedoch die, ob Deutschland in der Lage ist, seinen Nutzholzbedarf
selbst zu decken. Nach der überzeugenden Danckelmann'schen Berech=
nung[1]) bedarf es zu diesem Behufe nur einer Erhöhung des durch=
schnittlichen Nutzholzprocents von 26,3 % des Gesammteinschlages auf
31,4 %. Zu einem ähnlichen Resultat kam Wagener 1880[2]). Der=
selbe nahm an, daß eine Erhöhung um 8 % erforderlich sei. Selbst
die letztere Annahme enthält keineswegs eine nicht zu erfüllende For=
derung. Durch einen nur etwas intensiveren Betrieb würde sich diese
Erhöhung erreichen lassen. Bei steigendem Bedarf wird die fort=
schreitende Besserung sowohl des Altersklassenverhältnisses, wie des ge=

---

[1]) a. a. O. S. 84.
[2]) „Zeitschrift für Forst= und Jagdwesen" 1880 S. 140.

sammten Zustandes der Privatwaldungen, auch die Aufforstung von
Oedländereien für die Deckung des Mehrbedarfs sorgen. Außerdem
concurriren Stein und Eisen immer mehr, die Verbesserung des Verkehrswesens schließt fortgesetzt entlegenere inländische Waldungen auf,
und endlich sind die Holzzölle nicht hoch genug, um die Einfuhr ganz
zu verhindern, sondern können sie nur beschränken.

In den Staatsforsten Preußens betrug nach von Hagen-
Donner 1880 die Nutzholzausbeute 29 %; wenige Jahre später war
sie bereits auf 40 % gestiegen und hat sich annähernd auf dieser Höhe
bis jetzt gehalten.[1] Viele Reviere mit günstigen Verhältnissen kommen
selbstverständlich viel höher.[2] Der Staat trägt mithin den veränderten
Zeitverhältnissen voll Rechnung, es dürfte also auch von diesem Ge-
sichtspunkte aus für die Privatwaldungen ebenfalls die Zeit gekommen
sein, wesentliche Aenderungen in der Benutzungsweise eintreten zu lassen.
Es liegt sogar eine gewisse Verpflichtung vor, möglichst viel Nutzholz
zu erzeugen, und zwar als Gegenleistung für die Einführung der Nutzholzzölle, denn diese basiren auf der Voraussetzung, daß der inländische
Producent nach Kräften bemüht ist, den Anforderungen der Consumenten
zu genügen. Eine gewisse wirthschaftliche Schwäche in dem Privat-
forstbetrieb ist in dieser Beziehung bis jetzt nicht zu verkennen. In
jedem anderen Gewerbe würde ein selbstverschuldeter schlechter Zustand
keinen Anspruch auf staatlichen Schutz begründen können, bei der Waldwirthschaft liegt dies jedoch anders. Um zu gesunden, bedarf sie vieler
Jahre; dieser Gesundungsproceß kann aber nur dann vor sich gehen,
wenn nicht durch billige Holzpreise fortwährend die Versuchung nahe
gelegt wird, wieder in das System der Raubwirthschaft zurückzufallen.

Die bloße Erhaltung des Waldes — unter Umständen auch
seine nachhaltige Bewirthschaftung — kann der Staat durch
andere Mittel erzwingen, nicht aber die Ausnutzung des zulässigen
Abnutzungssolls. Kommt er daher in Rücksicht auf die Schwerfällig-

---

[1] Vergl. den Bericht des Herrn Ministers für Landwirthschaft, Domänen und
Forsten an Seine Majestät den Kaiser und König. Berlin 1888

[2] So z. B. die vom Verfasser verwaltete Oberförsterei Ullersdorf (bestands-
bildend in der Hauptsache Fichte und Tanne), welche incl. 5 % Buchen und
ziemlich viel Totalität in den letzten Jahren über 80 % Nutzholz vom Gesammt-
einschlage ergeben hat.

keit der Waldwirthschaft, dieser durch Einführung von Nutzholzzöllen zu
Hülfe, so liegt dieser Handlungsweise obige Voraussetzung zu Grunde.
Wird die Gesammtheit der Privatwaldbesitzer ihrer Verpflichtung. in
Bezug auf die Auswerthung nicht gerecht, so fällt die Möglichkeit fort,
den größten Theil des Bedarfs der Industrie an Nutzholz dauernd im
Inlande zu decken.   Hierdurch können für diese erhebliche Nachtheile
entstehen, da sie gezwungen wird, einen großen Theil ihres Bedarfs
trotz der Vertheuerung durch den Zoll aus dem Auslande zu beziehen.
Leidet die Industrie, so befindet sich die Waldwirthschaft in derselben
Lage, da beide in untrennbaren Wechselbeziehungen zu einander stehen.

Der Nutzholzzoll sollte dazu beitragen, den unleidlichen Verhält=
nissen ein Ende zu machen, welche, zum Theil wegen der Concurrenz
des Auslandes, zu Nutzholz geeignetes Holz in das Brennholz zu schlagen
zwangen.   Nachdem der Zoll nunmehr eingeführt, gilt es, die Ver=
hältnisse auszunutzen, um eine bessere Rentabilität der Waldwirthschaft
herbeizuführen.

Von beachtenswerther Seite[1]) ist darauf hingewiesen worden, daß
die Nutzholzzölle nur den Staatsforsten zu Gute kommen würden, weil
diese überhaupt nur bei der Nutzholzproduction in Betracht kämen,
beziehungsweise weil die importirten Nutzholzsorten sich fast lediglich
in den Staatsforsten befänden.   Der letzteren Behauptung liegt unter
den augenblicklichen Verhältnissen noch etwas Wahres zu Grunde, wenn
sie auch lange nicht in ihrem vollen Umfange zutrifft.   Die erstere be=
weist dagegen nur recht schlagend, daß eben in der Privatforstwirthschaft
nicht Alles so ist, wie es sein müßte und sein könnte.   Starkholz und
Nutzholz schlechtweg sind keineswegs sich völlig deckende Begriffe; auch
für schwächere Nutzholzsortimente giebt es heut zu Tage genug Absatz=
gebiete — man muß sie nur aufzufinden verstehen.

Je schonender und sachgemäßer die Privatwaldungen behandelt
werden, um so mehr wird sich das Verhältniß, in dem Staats= und
Privatwaldungen durch die Zölle geschützt werden, zu Gunsten der
letzteren verschieben.

Brennholz ist mit vollem Recht von jedem Zoll befreit geblieben.
Abgesehen davon, daß wegen der großen Schwere und des geringen

----

1) z. B. von Graf Frankenberg und Wagener.

Werths der theure Transport thatsächlich die Einfuhr nur in den Grenz=
bezirken zuläßt, würde es verfehlt sein, wenn der Staat eine Zollpolitik
treiben wollte, die die Unterstützung eines überlebten, entbehrlichen und
auf Raubwirthschaft hinauslaufenden Productionszweiges der Wald=
wirthschaft bezweckte.

Nach dem Immediat=Bericht des Herrn Ministers für Landwirth=
schaft, Domänen und Forsten haben sich die Holzzölle zunächst zwar
hauptsächlich als Finanzzölle bewährt,[1] während die Wirkungen der
Zollerhöhung von 1885 für die Waldbesitzer in Norddeutschland sich
nicht ganz in dem erhofften Maße fühlbar gemacht haben. Es wird
dies auf mehrere, sehr auf der Hand liegende Ursachen zurückgeführt.
Dann wird jedoch betont, „daß soviel sich jetzt schon mit voller Sicher=
heit erkennen ließe, daß ohne die Erhöhung der Holzzölle ein empfind=
liches Sinken der Holzpreise eingetreten sein würde, auch würde es
an Gelegenheit zu nutzbringender Verwerthung derjenigen inländischen
Arbeitskräfte gefehlt haben, welche lohnende Beschäftigung durch die
Verfeinerung des im rohen Zustande eingeführten Holzes gefunden
hätten, während dasselbe ohne Zollerhöhung bereits bearbeitet über die
Grenze gelangt sein würde."

Trotz der Zölle ist die Einfuhr gestiegen. Es ist dies keines=
wegs ein Beweis für die Unzulänglichkeit der deutschen Nutzholzvor=
räthe, hängt wohl vielmehr mit der rapiden Vergrößerung vorhandener,
beziehungsweise Errichtung neuer Schneidemühlen zusammen, wodurch
eine schädliche Ueberproduction hervorgerufen wird.

b. Die Ablösung und Regelung der Waldgrundgerechtigkeiten.[2]

Der Privatwald ist weniger mit Servituten belastet wie der
Staatswald, oder richtiger ausgedrückt, wie dieser es ursprünglich war.

---

[1] Es sind vereinnahmt:

$$1880 - 2\,586\,000 \text{ Mk.}$$
$$1884 - 3\,058\,000 \text{ Mk.}$$
$$1886 - 6\,926\,000 \text{ Mk.}$$

1887 nach den Ermittelungen des Kaiserlichen statistischen Amts 10432671 Mk.

[2] Vergl. das mustergültige Werk Danckelmann's „die Ablösung und Regelung
der Waldgrundgerechtigkeiten" Bd. I Berlin 1880; Bd. II und III Berlin 1888.

Wo solche existiren, pflegen die Berechtigten die vom Besitzer des be=
lasteten Waldes bestgehaßten Persönlichkeiten zu sein.   Man kann dem
Waldbesitzer von seinem Standpunkt aus diesen Haß zunächst gar nicht
verdenken.   Seitdem ein Sondereigenthum am Walde existirt, betrachtet
naturgemäß jeder Waldbesitzer fremde Leute, welche einen Theil der
Erzeugnisse seines Waldes beanspruchen, oder ihn in seinen wirthschaft=
lichen Dispositionen hindern, als lästige Eindringlinge.   Er bedenkt
dabei jedoch nicht, daß in der Mehrzahl der Fälle das Recht dieser
Leute ein wohlbegründetes, uraltes ist.

Nur ein Theil der Grundgerechtigkeiten ist seiner Zeit durch Ver=
leihung oder Verjährung entstanden; bei den meisten ist ihre Entstehung
eng verbunden mit der Herausbildung des Sondereigenthums.   Das
ursprünglich gleiche Recht der Markgenossen an der gemeinen Mark
wandelte sich nämlich entweder allmählich nach der einen Seite in
Sondereigenthum, nach der anderen in servitutisches Nutzungsrecht um,
oder der Markwald wurde Eigenthum der politischen Ortsgemeinde, in
dem den ursprünglichen Eigenthümern ebenfalls nur noch Grundgerech=
tigkeiten zustanden.   Der scharfe Gegensatz zwischen Grundeigenthum
und Grundgerechtigkeit trat erst nach Reception des römischen Rechts
hervor.

Wie auch die Grundgerechtigkeiten entstanden sein mögen, jeden=
falls verträgt sich die Mehrzahl derselben nicht mehr mit einer zeit=
gemäßen, intensiven Wirthschaft.   Die Befreiung des Grundeigenthums
nach dieser Richtung hin ist daher ein Proceß, der sich in jedem Cul=
turlande unaufhaltsam vollziehen muß, und den der Staat nach Mög=
lichkeit zu begünstigen hat, so lange nicht schwerwiegende Bedenken
entgegen stehen.   Diese Aufgabe des Staats ist eine außerordentlich
schwierige, indem er einerseits scharf unterscheiden muß, ob die Be=
seitigung der betreffenden Waldgrundgerechtigkeit überhaupt, und eventuell
die Art der Abfindung (Land oder Geld)[1] im allgemeinen Interesse
vortheilhaft ist, und er anderseits beiden Parteien gerecht werden muß.

In Bezug auf den ersteren Punkt hat ihn zunächst die Rücksicht
auf die Erzielung einer möglichst hohen Gesammtproduction zu leiten.
So lange der Wald seine heutige Bedeutung noch nicht erlangt hatte,

---

[1]) Vergl. Art. 10 des Ergänzungsgesetzes vom 2. März 1850.

namentlich der Begriff des Schutzwaldes noch unbekannt war, förderte die Ausübung der Servituten die Gesammtproduction. Je höher jedoch die Cultur stieg, je intensiver die Waldwirthschaft wurde, um so mehr hinderten die Waldgrundgerechtigkeiten die letztere an der Erfüllung ihrer Aufgaben.

In gewissem Sinne haben sie freilich auch dann noch der Allge=meinheit genützt, weil nämlich die Berechtigten eifersüchtig darüber wachten, daß der Waldbesitzer seinen Wald nicht verkleinerte oder so verwirthschaftete, daß ihre Rechte dadurch geschmälert wurden.[1]

Für den Staat ist es ferner wichtig, ob durch die Ablösung nicht etwa die Existenz der bisherigen Berechtigten gefährdet wird.[2] Zur Zeit des Waldüberflusses, des erschwerten Verkehrs, der niedrigen Stufe der Bodencultur würde dies bei den meisten Ablösungen der Fall ge=wesen sein; heut lange nicht mehr in demselben Grade. Die Land=wirthe sind zum großen Theil bereits so weit mit der allgemeinen Entwicklung fortgeschritten, daß sie erkennen, wie zweifelhafter Natur die Gaben sind, welche der Wald der Landwirthschaft darzubringen vermag. Trotzdem giebt es noch zahlreiche Wirthschaften auf armen Böden, welche die Beihülfe des Waldes nicht entbehren können. Es war vielleicht fehlerhaft, sie entstehen zu lassen. Wo sie aber einmal bestehen, haben sie auch das Recht der Existenz.

Gewisse Waldgrundgerechtigkeiten sind für den belasteten Wald indifferent, für die Berechtigten dagegen sehr wesentlich. Der Staat darf diese daher nicht für unbedingt ablösbar erklären.

c. Die Forststrafgesetzgebung.

Die Forststrafgesetzgebung der Einzelstaaten wird gemäß § 2 des Einführungsgesetzes vom 31. Mai 1870 zum R. St. G. B. durch die Bestimmungen des letzteren nicht berührt. Der Auffassung, daß der Forstdiebstahl milder zu bestrafen sei als der gemeine Diebstahl, liegt eine uralte Rechtsanschauung zu Grunde. Ebenso wie die Entstehung der meisten Waldgrundgerechtigkeiten in den früheren Besitzverhältnissen wurzelt, ist jene Ansicht auf die ursprüngliche Gleichberechtigung aller

---

[1] Vergl den Schluß des § 4 des Edicts zur Beförderung der Land=Cultur vom 14. September 1811!

[2] Die sogenannten Legalservituten sind daher nicht ablösbar.

Markgenossen zurückzuführen. Selbst nachdem ein Privateigenthum am alten Markwalde entstanden war, wurde es noch lange Zeit hindurch als selbstverständlich betrachtet, daß derjenige, welcher keinen Wald besaß, seinen Bedarf an Forstproducten aus den benachbarten Waldungen unentgeltlich befriedigte.[1] Im Volk hat sich die Erinnerung hieran bis auf den heutigen Tag erhalten. Daher jene Anschauung.

Da jedes Gesetz aus dem Rechtsbewußtsein des Volks herauswachsen muß, so ist trotz der im Gegensatz zum Holzdiebstahlsgesetz vom 2. Juni 1852 sehr strengen Bestimmungen des F. D. G. vom 15. April 1878 dieser Grundgedanke auch in letzterem Gesetz aufrecht erhalten worden. Jedoch nur der Grundgedanke; namentlich auch in der Hinsicht, daß die Begehung eines einfachen Forstdiebstahls nicht ohne Weiteres eine entehrende Bestrafung nach sich zieht.

Innerhalb der dadurch gezogenen Grenzen war es aber durchaus erforderlich, die Strafen zu erhöhen, besonders beim Vorhandensein erschwerender Umstände. Es läßt sich die Verschärfung in zweifacher Weise motiviren. Einerseits hat der Staat die Verpflichtung, jeden vollständigen und redlichen Besitzer einer Sache in seinem Besitz zu schützen, gleichgültig wie derselbe entstanden ist. Der Waldbesitz darf im Princip keine Ausnahme machen. Hat sich demnach einmal Sondereigenthum am Walde herausgebildet, so muß es auch geschützt werden. Die allzu milde Auffassung der Strafbarkeit der Forstdiebstähle ist ein „grober volkswirthschaftlicher Anachronismus" (Roscher). Der kleine Privatwald, welcher seiner Natur nach weniger durch Eigenthümer oder Beamte geschützt werden kann, bedarf natürlich des gesetzlichen Schutzes in erhöhtem Grade.

Geht man anderseits davon aus, daß auch der Privatwald den Zwecken des allgemeinen Wohls zu dienen hat, daß der Staat in Folge dessen berechtigt ist, gewisse Handlungen oder Unterlassungen vom Privatwaldbesitzer zu fordern, so ergiebt sich hieraus erst recht die Nothwendigkeit des Schutzes gegen widerrechtliche Uebergriffe Einzelner.[2] In Rücksicht hierauf bemerkt

---

[1] Albert a. a. O. S. 313.

[2] Und zwar gleichgültig, ob dieselben aus Noth begangen sind oder nicht. Einen analogen Milderungsgrund wie z. B. bei dem sogenannten Munddiebstahl (Vergl. § 370,5 des R.St.G.B.) kennt das Forstdiebstahlsgesetz nicht.

Lehr[1] sehr richtig, daß die Bestrafung des Forstdiebstahls im Schutz-walde eine strengere sein müßte.

Der Diebstahl an aufgearbeitetem Holz fällt nicht unter das F. D. G., sondern unter den § 242 des R. St. G. B. Daß diese Auffassung des Gesetzgebers juristisch wie practisch richtig ist, unterliegt keinem Zweifel.

Die Zahl der Forstdiebstahlsfälle hat in den letzten zehn Jahren außerordentlich abgenommen. Es wurden nach dem Immediatbericht des Herrn Ministers für Landwirthschaft 2c. in den Staatsforsten zur Bestrafung gebracht Vergehen gegen das F. D. G.:

$$1883:\ 125\,828,$$
$$1884:\ 116\,284,$$
$$1885:\ 104\,867,$$
$$1886:\ 111\,691,$$
$$1887:\ \ 84\,183.$$

Diese günstige Wendung ist wohl in erster Linie den strengen Strafbestimmungen des F. D. G. zu danken, wenn auch noch andere Gründe volkswirthschaftlicher und forstpolitischer Natur mit eingewirkt haben.

Aehnlich wie das F. D. G. hat das Feld- und Forstpolizeigesetz vom 1. April 1880 zum Schutz der Forsten beigetragen. In Bezug auf die Ansichten über die Strafbarkeit der Waldbeschädigungen liegt die Sache zum Theil umgekehrt wie beim Forstdiebstahl. Zur Zeit der Forstordnungen wurden dieselben — in der Theorie wenigstens — für viel strafbarer angesehen wie jetzt.

Nicht minder wie den Wald gegen Frevel hat der Staat die Forstbeamten gegen Angriffe und Widersetzlichkeiten zu schützen, sowohl indem er ihnen — unter der Voraussetzung, daß gewisse Bedingungen erfüllt werden — den Gebrauch der Waffe gestattet,[2] ohne daß Noth-wehr vorliegt, als auch indem er den Widerstand gegen einen Forst- oder Jagdbeamten besonders streng bestraft.[3]

---

[1] „Forstpolitik" a. a. O. S. 524.
[2] Gesetz vom 31. März 1837.
[3] § 117—119 des R.St.G.B Die bloße Beleidigung von Beamten im

Der eigenartige und dabei gefährliche Dienst des Forstbeamten, welcher gewöhnlich den Beistand anderer Personen ausschließt, bedingt diese bevorzugte Stellung.

Ein Waldgrundstück gegen unwirthschaftliche — oder wirthschaftliche, für die Nachbarschaft jedoch schädliche[1] — Maßnahmen der benachbarten Waldbesitzer zu schützen, ist nur in beschränkter Weise möglich; doch wäre es wünschenswerth, daß wenigstens jeder Waldbesitzer zur Vertilgung schädlicher Insecten angehalten werden könnte.[2]

Daß der Staat die Unverletzlichkeit der Grenzen des Waldeigenthums sichern muß, ist selbstverständlich. Ob Wald oder Feld, spielt in dieser Beziehung keine Rolle. (Vgl. § 274 — auch 280 — und 370, 1 des R. St. G. B.)

d. Sonstige Förderungsmittel.

Der waldbesitzende Staat hat vor Allem die Verpflichtung, in den eigenen Forsten so zu wirthschaften, daß seine Wirthschaft den Privatwaldbesitzern als Vorbild dienen kann, wenigstens insoweit beide Arten von Betrieben dieselben Zwecke verfolgen. Daß die preußische Staatsforstverwaltung dieser ihrer Verpflichtung in jeder Weise nachzukommen sich bemüht, ist bekannt. Es ist ferner als ein günstiger Umstand zu betrachten, daß der große Waldbesitz des Staats über die ganze Monarchie vertheilt ist, so daß die Mehrzahl der Waldbesitzer meist nicht weit zu reisen braucht, um sich über Dies und Jenes Aufklärung zu verschaffen. Jeder Staatsforstbeamte ist gewiß gern bereit, wo er Liebe zum Walde, warmes Interesse für seine Bewirthschaftung sieht, mit Rath und That zur Seite zu stehen. Dem kleineren Waldbesitzer kann durch Vorträge in landwirthschaftlichen Vereinen manche Anregung gegeben werden.

Dienst bestraft das R.St.G.B. an und für sich nicht härter; (vergl. auch § 196 des R.St.G.B.) hierin liegt eine mildere Auffassung wie im § 102 des alten preußischen Strafgesetzbuchs.

[1] Führt der Nachbar z. B. einen Kahlschlag, so wird dadurch dem Wind und der Sonne in den an der Grenze gelegenen Bestand Eingang verschafft.

[2] Also etwa wie zum Abraupen der Bäume. Vergl. § 368,2 des R.St.G.B. In Sachsen existirt bereits ein solches Gesetz; auch in Bayern kann der Waldbesitzer dazu angehalten werden. Vergl. Albert a. a. O. S. 307. Lehr a. a. O. S. 571.

Darauf, daß die ſtaatlichen Bildungsanſtalten den Waldbeſitzern und zukünftigen Privatforſtbeamten ebenfalls offen ſtehen, iſt bereits früher[1]) hingewieſen worden. An manchen landwirthſchaftlichen Schulen lehren Forſtleute die Grundelemente der Forſtwiſſenſchaft; vielleicht giebt es nach Analogie der landwirthſchaftlichen Wanderlehrer vereinzelt auch bereits forſtliche.

Ein gutes Beiſpiel giebt der Staat durch die Aufforſtung von Oedländereien.[2]) Er läßt es in dieſer Beziehung nicht allein bei dem guten Beiſpiel bewenden, ſondern hilft auch durch die That. Für die Aufforſtung von Oedländereien, welche ſich nicht im Staatsbeſitz be= finden, ſind bereits größere Summen aus der Staatskaſſe bewilligt worden, und geſchieht dies auch jetzt noch fortdauernd.[3])[4]). Den gleichen Zweck verfolgt das Geſetz vom 13. Mai 1879 über Errichtung von Landescultur=Rentenbanken, welches den Provinzialverbänden geſtattet, Banken zu errichten, welche u. A. zu Waldculturen Darlehen ge= währen.

Sehr häufig unterbleiben Aufforſtungen, weil gutes Pflanzmaterial mangelt. Der kleinere Waldbeſitzer kann keine Pflanzcämpe anlegen, iſt daher auf den Bezug von außerhalb angewieſen. Der Staat kommt auch in dieſer Beziehung entgegen. Nach von Hagen=Donner ſind in den 13 Jahren 1870/82 durchſchnittlich jährlich 31 675 Stück Laub= und 424 688 Stück Nadelholzpflanzen zum Selbſtkoſtenpreiſe abgegeben worden. Wenn es irgend angeht, iſt jeder Revierverwalter gern bereit, Pflanzen an Private zu verkaufen, wozu er in dieſem Falle übrigens auch durch miniſterielle Vorſchrift verpflichtet iſt.

Ob eine mehrjährige Steuerbefreiung nach gelungener Aufforſtung von Oedländereien als zweckmäßig zu betrachten, iſt ſtreitig.[5])

---

[1]) Vergl. Abſchnitt „der Beſitzer“ S. 13.

[2]) Nach dem Immediatbericht des Herrn Miniſters ꝛc. ſind vom Staat in der Zeit vom 1. 4. 84/88 incl Nachbeſſerungen 19164 ha Oedländereien cultivirt worden.

[3]) Vergl. von Hagen=Donner a. a. O. S. 67.

[4]) Gemäß § 9 des Gemeindewaldgeſetzes für die Oſtprovinzen vom 14. Auguſt 1876 muß den Gemeinden, welche auf Grund des § 8 l. c. zu Auf= forſtungen gezwungen werden, der 20 fache Betrag der Jahresgrundſteuer aus der Staatskaſſe überwieſen werden.

[5]) Vergl. Albert a. a. O. S. 487. Bernhardt „Die Waldwirthſchaft und

Die Hebung des Verkehrs durch den Ausbau der Verkehrsmittel Seitens des Staats — und auch der größeren und kleineren Communalverbände — kommt selbstredend auch der Waldwirthschaft zu Gute, doch sind die Vortheile desselben so allgemein wirthschaftlicher Natur, daß es nur eines Hinweises bedarf. Die Mittel des großen Verkehrs sind bereits so entwickelt, daß es für den Wald in erster Linie auf den Ausbau der Wege niedrigster Ordnung, also der Holzabfuhrwege, ankommt.

Eine der größten Gefahren für das Gedeihen der Waldwirthschaft liegt in der unbegrenzten Theilbarkeit. Je größer der in einer Hand befindliche forstliche Betrieb ist, um so vortheilhafter läßt er sich privat wie volkswirthschaftlich gestalten. Der Staat würde daher gegen sein eigenes Interesse handeln, wenn er Einrichtungen verbieten wollte, welche der Zersplitterung des Waldbesitzes entgegenwirken. Eine solche Einrichtung ist das Waldfideicommiß. Der Artikel 40 der Verfassungsurkunde für den preußischen Staat, welcher u. A. die Stiftung von Familienfideicommissen jeder Art untersagte und die bestehenden durch gesetzliche Anordnungen in freies Eigenthum umwandeln wollte, hat nur kurze Gültigkeit gehabt. Er wurde hinsichtlich der Familienfideicommisse durch den Artikel 1 des Gesetzes vom 5. Juni 1852 wieder aufgehoben. Auf demselben Standpunkt steht der Entwurf eines bürgerlichen Gesetzbuchs für das Deutsche Reich.[1])

Noch ungünstiger wirkt die Besitzzersplitterung auf den schon an und für sich kleinen Wald. Ist in einem solchen selbst ein leiblicher Bestand erhalten geblieben, so muß er fast immer fallen, wenn eine Erbtheilung eintritt, welche auch den Wald trifft. Es ist daher als ein großer Fortschritt zu betrachten, daß die neuere und neueste Gesetzgebung durch den Erlaß der Landgüter=Ordnungen, welche den eingetragenen Besitzungen ein besonderes Intestaterbrecht zugestehen, ohne jedoch den Eigenthümer zu beschränken, der weiteren Theilung des

---

der Waldschutz" S. 117; ganz besonders aber: Suden „Zur Besteurung des Waldes" Jahrgang 1888 der „Zeitschrift für Forst= und Jagdwesen." — Ein gewisses Privilegium genießen Waldungen im Stadtgebiet nach § 4 der Städte=Ordnung für die sechs östlichen Provinzen vom 30. Mai 1853.

[1]) Ein sehr interessanter Artikel über Familienfideicommisse als Mittel zur Erhaltung des Waldes aus der Feder Carl von Fischbach's ist im Octoberheft 1888 der „Zeitschrift für Forst= und Jagdwesen" zu finden.

ländlichen Grundbesitzes — also auch des mit Forstwirthschaft verbundenen — entgegenzutreten bemüht ist. Leider wird von dieser
Gesetzeswohlthat noch nicht überall der wünschenswerthe Gebrauch gemacht. Am meisten hat sie dem seßhaften Character des Niedersachsen
entsprochen.[1])

2. Die staatliche Beeinflussung der Privatwaldwirthschaft.

a. Der Schutzwald.

Es ist bekannt, daß die Waldwirthschaft neben ihrer Hauptaufgabe,
der Erzeugung von möglichst hochwerthigem Holz, noch eine Anzahl
staatswirthschaftlicher Aufgaben zu erfüllen hat, welche sie zur Be-
schützerin der Landescultur stempeln. Worin diese Aufgaben bestehen,
und wie sie die Waldwirthschaft zu erfüllen vermag, darüber glaubt
Verfasser hinweggehen zu dürfen, da die neuere Litteratur auch in dieser
Beziehung jeden gewünschten Aufschluß ertheilt.[2]) Es soll dagegen
versucht werden, kurz Recht und Pflicht des Staats zum Erlaß einer
Waldschutzgesetzgebung herzuleiten.

Die wirthschaftliche Freiheit ist eine Errungenschaft, welcher unser
Vaterland zum großen Theil den hohen Stand seiner Cultur verdankt.
Der Schutz dieser Freiheit ist daher eine der wichtigsten Pflichten des
Staats. Doch giebt es eine Grenze. Sowie der Mißbrauch der
individuellen Freiheit verletzend in die Rechtssphäre von anderen Staatsangehörigen übergreift, muß ihr der Staat eine Schranke ziehen. Die
schlechte Wirthschaft allein — oder gar die Furcht vor Holzmangel —
würden ihm hierzu keine genügende Veranlassung geben können, so
wenig es auch im Interesse des Staats liegt, wenn ein großer Theil
der productiven Fläche sich allmählich in Unland verwandelt. Hieraus
folgt, daß der Staat eine andere Stellung zu der Bewirthschaftung
des Privatwaldes einzunehmen hat, wie zu jener des Gemeindewaldes,
denn im letzteren Falle beschränkt er den Nutznießer, im ersteren den
Eigenthümer. Wie weit er hierin gehen darf, hängt ab von der Größe
der Staats- und Communalwaldungen mit gesicherter Wirthschaft, von

---

[1]) In Hannover sind bereits 63 % eingetragen. Vergl. Ziebarth „das Forstrecht.“ Th. I. S. 129.

[2]) Vergl. auch den § 2 des Waldschutzgesetzes vom 6. Juli 1875.

der Lage, Natur und Cultur des Landes. Je höher die letztere ist, um so nöthiger ist die Beaufsichtigung der Schutzwälder im weitesten Sinne. Freiwillig wird sich ein Waldbesitzer in den seltensten Fällen zu Gunsten des allgemeinen Wohls eine Beschränkung seiner wirth= schaftlichen Freiheit auferlegen. Wer das glaubt, kennt die menschliche Natur schlecht. Es kann dem Waldbesitzer aus dieser seiner Handlungs= weise auch kaum ein Vorwurf gemacht werden, denn der Egoismus muß als berechtigt anerkannt werden, wird es auch, wie die Patent= gesetzgebung u. A. beweist. Selbst der Staat handelt stets egoistisch, wenn auch in edlerem Sinne.

Der Besitzer eines Gebirgswaldes wird allenfalls zuweilen in Rücksicht auf den tiefer liegenden Nachbar, der ihm persönlich näher steht, so wirthschaften, daß dessen Aecker oder Wiesen nicht mit Stein= geröll bedeckt werden; ob aber seine Wirthschaft dazu beiträgt, das Flußbett und damit die Ueberschwemmungsgefahr für die Anwohner des Flusses, dessen Quellen in der Nähe seines Waldes liegen, zu erhöhen, das tangirt ihn wenig. Nur das Gesetz kann ihn veranlassen, darauf zu rücksichtigen.

Eine Waldschutzgesetzgebung würde dann bedenklich erscheinen, wenn damit ein Princip durchbrochen würde, d. h. wenn auf anderen Ge= bieten jede Einschränkung des freien Dispositionsrechts des Eigenthümers einer Sache unzulässig wäre. Ein solches Verhältniß ist jedoch in einem geordneten Staatswesen undenkbar, es würde zu ganz unhaltbaren Zu= ständen führen. Wir begegnen daher in der That auf Schritt und Tritt solchen Einschränkungen durch Gesetze, ohne daß diese im Gegen= satz zum Artikel 9 der Verfassungsurkunde für den preußischen Staat stünden.[1])

Die Beschränkung würde hart sein, wenn sie den Waldbesitzer zwänge, unwirthschaftlich mit seinem Eigenthum umzugehen. Dies soll er jedoch keineswegs; man darf sogar das directe Gegentheil annehmen, denn die Beschränkung involvirt gleichzeitig eine wirthschaftliche Be= handlung des Waldes. Ein Verlust würde deßhalb nur dann mit ihr verbunden sein, wenn die Waldwirthschaft eine erheblichere Spe= culation zuließe. Da dies nicht der Fall ist, richtet sich mithin die Spitze des gesetzlichen Zwanges zur guten Wirthschaft nicht gegen den

---

[1]) Vergl. Danckelmann „Gemeindewald und Genossenwald" S. 69 f.

verständigen Wirthschafter, sondern gegen den Waldverwüster. Dagegen wird sich kaum Etwas einwenden lassen. Von einer Entschädigung des Waldbesitzers kann eigentlich nur die Rede sein, wenn er nachgewiesener Maßen wirklich durch den gesetzlichen Zwang einen directen Verlust erlitten hat. Dies trifft zu, wenn er zu einer unvortheilhaften Be= triebsart — z. B. Plenterwald —, oder zur Herstellung von Anlagen — Verbauung der Wildbäche u. s. w. —, die ihm selbst keinen Nutzen bringen, gezwungen wird.

Selbst das generelle Rodungsverbot[1]) erscheint in diesem Lichte nicht hart. Das Vorhandensein vieler Landwirthschaften, welche noch heute auf die Waldnebennutzungen angewiesen sind, die ausgedehnten Unlands= — allenfalls Weide= — Flächen, welche nur so lange land= wirthschaftlich bestellt werden konnten, als das von dem früheren Wald= bestande angesammelte Humus= und Nährstoffcapital vorhielt, vielleicht auch die zunehmende Auswanderung aus manchen Gegenden mit ge= ringer Bevölkerungsdichte, beweisen unwiderleglich, daß man in der Umwandlung von Wald in Feld schon viel zu weit gegangen ist.

Eines vierten sehr wesentlichen Grundes zur Rechtfertigung der Waldschutzgesetzgebung ist bereits früher Erwähnung gethan. Wenn der Staat durch Holzzölle die Privatwaldwirthschaft gegen ungesunde Con= currenz zu schützen unternimmt, so ist diese Maßnahme an die Be= dingung geknüpft, daß die Gesammtheit der Waldbesitzer wirklich wirthschaftet. Geschieht dies nicht, so verfehlen die Holzzölle nicht nur ihren Zweck, sondern können sogar noch schaden.

Im Anfang des neunzehnten Jahrhunderts war die Forstwissenschaft eben erst im Entstehen begriffen, es ließ sich daher nicht übersehen, welche eminenten Schäden die Befreiung der Waldwirthschaft von all und jeder Fessel mit sich bringen mußte. So hat man es sich zu er= klären, daß die sonst so wohlthätige agrarpolitische Gesetzgebung der damaligen Zeit keinen Unterschied zwischen Wald und Feld machte, sondern unvermittelt an Stelle der strengen Forstordnungen plötzlich die unbedingte Freiheit treten ließ. Eine der verhängnißvollsten[2]) An= ordnungen traf der § 4 des Edicts zur Beförderung der Landcultur

---

[1]) Consequenter Weise dann das Aufforstungsgebot ebenfalls nicht.

[2]) Es ist nicht recht einleuchtend, wie ein so scharfer Denker wie Pfeil für den günstigen Einfluß dieses Edicts auf die Waldwirthschaft sich begeistern konnte.

vom 14. September 1811. Derselbe lautet: „Die Einschränkungen, welche theils das allgemeine Landrecht, theils die Provinzialforst= ordnungen in Ansehung der Benutzung der Privatwaldungen vorschreiben, hören gänzlich auf. Die Eigenthümer können solche nach Gutfinden benutzen und sie auch parcelliren und urbar machen, wenn ihnen nicht Verträge mit einem Dritten oder Berechtigungen Anderer ent= gegen stehen."

Einige Einschränkungen finden sich bereits wieder in der Gemein= heits = Theilungs = Ordnung vom 7. Juni 1821 und im Ergänzungs= Gesetz vom 2. März 1850; erst die Neuzeit hat jedoch eine entscheidende Wendung zum Besseren — wenigstens in der Tendenz — gebracht. Das Gemeindewaldgesetz für die Ostprovinzen vom 14. August 1876 berührt den Privatwald nicht; auch das Gesetz vom 14. März 1881 über gemeinschaftliche Holzungen schränkt die Freiheit des Sondereigen= thums nicht ein, dagegen macht das Waldschutzgesetz vom 6. Juli 1875 keinen Unterschied hinsichtlich des Waldbesitzers. Der practische Erfolg dieses Gesetzes ist bisher gering gewesen, weil Provocations= und Ent= schädigungsverpflichtung den Interessenten zufallen, und diese Umstände und Kosten scheuen. Trotzdem ist das Gesetz kein verfehltes. Seine sehr milden Bestimmungen sind wohl weniger auf liberale Wirthschafts= theorien zurückzuführen, wie Graner[1] meint; auch die Beschlüsse des zehnten volkswirthschaftlichen Congresses in Breslau[2] haben keinen Ein= fluß darauf gehabt; es spiegelt sich vielmehr die klare Erkenntniß darin wieder, daß ein plötzlicher Wechsel im System für die Waldwirthschaft sehr verhängnißvoll werden kann. Nachdem der Privatwald so lange die unbedingteste Freiheit genossen, das Gefühl für die Nothwendigkeit einer Waldschutzgesetzgebung abhanden gekommen, würde es falsch ge= wesen sein, ohne vermittelnden Uebergang dem Staat ein ausgedehntes Aufsichtsrecht zu verleihen, um so mehr als die Beaufsichtigung eine außerordentlich schwierige ist. „Mindestens," sagt Rentzsch[3], „bleibt es gefährlich, wenn der Staat Gesetze giebt, deren Befolgung er nicht mit

---

[1] „Die forstpolitischen Ziele der Gegenwart." Akademische Antrittsrede, gehalten am 30. Juni 1887 von F. Graner.

[2] 1868. Derselbe verlangte unter Berufung auf z. Th. recht theoretische Gründe volle Freiheit des Betriebs.

[3] „Der Wald im Haushalt der Natur und Volkswirthschaft." 2. Aufl. Leipzig 1862 S. 152.

aller Strenge überwachen kann." Hat die Bevölkerung erst wieder jenes Gefühl für die staatswirthschaftliche Bedeutung des Waldes ge= wonnen, so wird dem Staat die Beaufsichtigung ungemein erleichtert.

Dieses Gefühl zu erwecken ist das Gesetz vom 6. Juli 1875 ohne Frage geeignet. Es beweisen dies die Fülle von gediegenen Unter= suchungen über den Einfluß des Waldes auf Klima, jährliche Regen= menge[1] u. s. w., nicht weniger auch die lebhaften Erörterungen in öffentlichen — und zwar nicht bloß Fach= — Blättern.

b. Die Waldgenossenschaften.

Ein kleines Forstgrundstück ist von der Wirthschaft der Nachbaren abhängiger,[2] läßt keine forstmäßige Bewirthschaftung zu, dient daher dem allgemeinen Wohl weniger als ein aliquoter Theil eines großen forstlichen Betriebs. Die weitgehende Zersplitterung des Waldbesitzes führt daher in jeder Beziehung zu Unzuträglichkeiten. In welcher Weise in Preußen der Groß= und Kleingrundbesitz am Waldbesitz parti= cipiren, ergiebt die als Anhang beigefügte Tabelle I.[3] Allerdings enthält dieselbe nur die mit landwirthschaftlichen Betrieben verbundenen Holzflächen — 3 085 597 ha gegen 4 374 438,3 ha in Spalte 12 der Tabelle II. Es ist wohl anzunehmen, daß die nicht in Betracht gezogenen 1 288 841 ha zumeist sich in den Händen größerer Wald= besitzer befinden, da ganz kleine forstliche Betriebe ohne Verbindung mit Landwirthschaft nicht sehr zahlreich vorhanden sein werden. Trotz= dem läßt die Tabelle ersehen, daß der Fläche nach gerechnet fast der vierte Theil der mit landwirthschaftlichen Betrieben verbundenen, im Sondereigenthum befindlichen Privatwaldungen unter 10 ha groß ist. Zusammengenommen repräsentiren dieselben eine Fläche von 7487 Quadratkilometern. Die meisten solcher kleinen Waldungen hat die

---

[1] Besonders interessant sind in dieser Beziehung die Resultate der Unter= suchungen des Professors Studnika in Prag, deren Werth die zu entgegengesetzten Resultaten führenden des Amerikaners Gannet kaum Abbruch thun können. Es scheint aus den ersteren mit unzweifelhafter Sicherheit hervorzugehen, daß in der That der Wald einen sehr wesentlichen Einfluß auf die Vermehrung der jährlichen Regen= menge hat.

[2] Vergl. darüber: Heck „Das Genossenschaftswesen in der Forstwirthschaft." Berlin 1887 S. 69.

[3] Vergl. Anmerkung 2 S. 143 zum Abschnitt „Waldwirthschaft und Land= wirthschaft."

Rheinprovinz aufzuweisen. Dort existiren nicht weniger wie 113806 „Waldbesitzer", von deren Waldungen auch nicht eine über 10 ha groß ist![1]) Die östlichen Provinzen sind günstiger dran, doch giebt es auch hier genug von jenen Parcellenwäldern.

Diese unhaltbaren Zustände hatten schon seit langer Zeit den Gedanken nahe gelegt, im Wege der Gesetzgebung die Bildung von Waldgenossenschaften als der besten gesellschaftlichen Unternehmungsform in der Waldwirthschaft,[2]) herbeizuführen; denn daß spontan sich solche bilden würden, war und ist nicht anzunehmen.

Leider sind die Schwierigkeiten, welche sich der Bildung von Waldgenossenschaften entgegen stellen, sehr groß, um so mehr als die rechtlichen Verhältnisse in den einzelnen Landestheilen sehr verschieden sind, ein diesbezügliches Gesetz auch nicht mit dem Princip der Selbstverwaltung brechen darf.

Zunächst muß entschieden werden, ob die Bildung der Genossenschaften durch absoluten oder Majoritätszwang herbeizuführen ist. Zufriedenstellender Erfolg wird sich nur durch ersteren erreichen lassen. Dann entsteht die Frage, ob bloße Schutz-, Wirthschafts- oder Eigenthumsgenossenschaften zu bilden sind. Das preußische Gesetz vom 6. Juli 1875 läßt im § 23 die beiden ersteren Arten zu, jedoch wohl in der stillschweigenden Voraussetzung, daß die Wirthschaftsgenossenschaften als die besseren mehr in Aufnahme kommen würden.

Derselbe Paragraph beginnt mit den Worten „Wo die forstmäßige Benutzung . . . ." Wann ist nun ein Grundstück groß genug, um forstmäßige Benutzung zuzulassen? Feste Bestimmungen werden sich hierüber kaum treffen lassen, da zu viele Momente in Betracht zu ziehen sind.[3]) Einigen Anhalt geben wohl die im Abschnitt „Forstabschätzung"

---

[1]) Vergl. hierüber auch: Höffler „Die Staatsoberaufsicht über das Privatwaldeigenthum in der preußischen Rheinprovinz." Coblenz 1862 S. 12. Nach den Angaben H. existirten 1853 im Regierungsbezirk Coblenz 166846 Waldparcellen mit zusammen 117600 Morgen. Es kamen mithin auf jede Parcelle im Durchschnitt 126 Quadratruthen (0,179 ha)!

Vor 36 Jahren müssen demnach die Verhältnisse in der Rheinprovinz noch viel ungünstiger gewesen sein.

[2]) Heck a. a. O. S. 45.

[3]) Nach einer Entscheidung des Landgerichts zu Trier soll schon eine Waldfläche von 0,25 ha als geeignet für einen forstmäßigen Betrieb gelten!! Danckelmann „Gemeindewald und Genossenwald" S. 30.

S. 26 angeführten Zahlen, doch darf man nicht außer Acht laffen, daß der ausfetzende Betrieb noch nicht nothwendig eine nicht forftmäßige Benutzung bedingt.

Wie follen ferner die Theilnahmerechte feftgeftellt werden, da der Werth des Holzbeftandes jenen des Bodens um das Vielfache[1] über= treffen kann? Das Gefetz vom 6. Juli 1875 fucht fich dadurch zu helfen, daß es den Eigenthümern verwerthbarer Holzbeftände geftattet, falls fie diefelben nicht in die Genoffenfchaft mit einwerfen wollen, diefe vorweg abzuräumen und für fich zu benutzen. Diefe Beftimmung ift nicht unbedenklich, da fie zu einem verftärkten Abtrieb der älteren Beftände führt, zunächft alfo das Gegentheil von dem bewirkt, was das Gefetz eigentlich bezweckt.

Wie ift eine Einigung über die Ausübung der Nebennutzungen zu erzielen? Wie weit follen die Genoffenfchaften rechtsfähig sein? Diefe und noch manche andere Fragen erfchweren die Bildung von Waldgenoffenfchaften in fehr bedauerlicher Weife. Die Erfolge des Ge= fetzes vom 6. Juli 1875 haben daher in diefer Hinficht nicht den gehegten Erwartungen entfprochen. Ungeachtet der lebhaften Förderung aus Staatsmitteln hatte fich bis zum Jahre 1880 die Genoffenfchafts= bildung nur für 2008 ha erreichen laffen.[2]

c. Die Enteignung.

Die Mehrzahl der Schwierigkeiten, welche fich der Bildung von Waldgenoffenfchaften entgegen ftellen, ift zu umgehen, wenn bei den kleinen, nicht forftmäßig zu benutzenden Parcellenwaldungen die Ent= eignung zu Gunften des Staats, größerer oder kleinerer Communal= verbände, bei genügender Sicherheit vielleicht auch benachbarter größerer Waldbefitzer ftattfindet. Dafür thürmen fich allerdings andere, z. Th. recht erhebliche Schwierigkeiten auf.

Doch felbft Lehr,[3] der fonft kein Freund von ftaatlicher Beein= fluffung der Waldwirthfchaft ift, hält bei zerfplittertem, fchlecht belegenem Befitz die Enteignung zu Gunften der Intereffenten für zweckmäßig.

Die Härten, welche mit der Enteignung verbunden fein würden, erfcheinen ficherlich auf den erften Blick größer, wie fie in der That

---

[1]) Vergl. Anm. 3 S. 5 zum Abfchnitt „Allgemeine Verhältniffe."
[2]) Vergl. von Hagen-Donner S. 69.
[3]) a. a. O. S. 482.

sind. Spricht bei der Bildung von Waldgenossenschaften nicht ausschließlich der freie Wille der Genossen mit — und dann kommen
keine zu Stande — so würde man wohl mit demselben Recht in der
staatlichen Beeinflussung behufs Vereinigung solcher Parcellen zu Genossenschaften eine Härte erblicken können. Will der Staat seine Aufgaben, welche ihm die Rücksicht auf das allgemeine Wohl auferlegt,
erfüllen, so wird er niemals auf die Zustimmung von allen Staatsangehörigen rechnen können, sondern stets einen gewissen Widerstand zu
überwinden haben. Wie weit er in dem gegebenen Falle gehen darf,
schreibt ihm der § 9 der Verfassungsurkunde vor. Derselbe schließt
die Enteignung nicht aus, sondern knüpft sie nur an gewisse Bedingungen.

Der Besitz einer Waldparcelle ist selbst für den kleinen Landwirth
in den meisten Fällen nicht mehr entfernt so Lebensbedingung wie früher.
Bei den großen Fortschritten, deren sich die Landwirthschaft in den
letzten Decennien erfreut hat, bedarf sie nur ausnahmsweise — wenn
auch nicht selten — der Nebenproducte des Waldes.

Die Stabilität des kleineren ländlichen Grundbesitzes ist in Preußen
glücklicherweise noch immer vorhanden, wenn auch erschüttert. Der schwer-
wiegendste Einwand gegen die Enteignung würde vielleicht der sein, daß
dadurch die Stabilität untergraben würde. Dies ist jedoch im Allgemeinen nicht anzunehmen. Sein Wald ist nicht der Stolz des Land-
manns — dazu sind die kleinen Parcellenwaldungen auch gewöhnlich
nicht angethan, man müßte denn als einen Vorzug betrachten, daß sie
wegen der häufigen Streunutzung den Eindruck machen, als ob sie
sauber ausgefegt seien — an die Scholle fesseln ihn seine Saaten, sein
Viehstand.

Sehr vielen kleinen Wirthen würde es ganz gewiß sehr angenehm
sein, wenn sie für ihren Wald einen zahlenden Käufer fänden, weil sie
mit dem Erlös die Hypothekenlast — welche nach und nach für den
kleinen ländlichen Grundbesitz ein Krebsschaden geworden ist — verringern und ihre wirthschaftliche Lage verbessern könnten.

Immerhin stehen jedoch auch der Enteignung so viele Bedenken
entgegen, daß an eine ausgedehntere Durchführung derselben vorläufig
noch nicht wird gedacht werden können.

Tabelle

Die mit landwirthschaftlichen Betrieben verbundenen Holzflächen

Landestheile.	Die landwirthschaftlichen Betriebe, mit denen Holzflächen verbunden								
	Anzahl dieser landwirthschaftlichen Betriebe überhaupt.	Von ihnen haben Holzflächen in der Größe von							
		1 ha und weniger		über 1—10 ha		über 10—100 ha		über 100 bis 1000 ha	
		Anzahl d. Betriebe	% von Spalte 2	Anzahl d. Betriebe	% von Spalte 2	Anzahl d. Betriebe	% von Spalte 2	Anzahl d. Betriebe	% von Spalte 2
1	2	3	4	5	6	7	8	9	10
Prov. Ostpreußen	19750	4816	24,4	11878	60,1	2708	13,7	331	1,68
» Westpreußen	8430	2609	30,9	3937	46,7	1559	18,5	301	3,57
Stadt Berlin	11	5	45,4	4	36,4	2	18,2	—	—
Prov. Brandenburg	44757	10161	22,7	25510	57,0	8380	18,7	658	1,47
» Pommern	11702	3698	31,6	5890	50,3	1459	12,5	621	5,31
» Posen	14575	5764	39,5	6846	47,0	1502	10,3	434	2,98
» Schlesien	45982	19823	43,1	21810	47,4	3741	8,2	574	1,25
» Sachsen	27327	11290	41,3	12442	45,5	3399	12,5	185	0,68
» Schlesw.-Holst.	11307	4284	37,9	6204	54,9	761	6,7	56	0,50
» Hannover	42652	17572	41,2	21394	50,2	3592	8,4	91	0,21
» Westfalen	53457	19716	36,9	27386	51,2	6194	11,6	154	0,29
» Hessen-Nassau	19307	11818	61,2	6871	35,6	567	2,9	47	0,24
» Rheinland	115932	78561	67,8	35245	30,4	2030	1,7	90	0,08
» Hohenzollern	4528	3690	81,5	822	18,2	11	0,2	5	0,11
	419717	193807	46,2	186239	44,4	35905	8,5	3547	0,84

I.

nach Größeklassen nach der Aufnahme vom 5. Juni 1882.

Anzahl b. Betriebe	% von Spalte 2	Größe dieser zu den Betrieben in Spalte 2 gehörigen Holzflächen überhaupt ha	ha	% von Spalte 13	ha	% von Spalte 13	ha	% von Spalte 13	ha	% von Spalte 13	ha	% von Spalte 13
über 1000 ha			1 ha und weniger		über 1—10 ha		über 10—100 ha		über 100—1000 ha		über 1000 ha	
11	12	13	14	15	16	17	18	19	20	21	22	23
17	0,09	234243	2918	1,2	50947	21,8	66311	28,3	86195	36,8	27872	11,9
24	0,28	194553	1386	0,7	16035	8,3	49053	25,2	79627	40,9	48452	24,9
—	—	44	1	2,3	11	25,0	32	72,7	—	—	—	—
48	0,11	601628	5802	1,0	103567	17,2	191836	31,9	200443	33,3	99980	16,6
34	0,29	314733	2102	0,7	21410	6,8	47217	15,0	179842	57,1	64162	20,4
29	0,20	260282	2844	1,1	25514	9,8	43563	16,7	132677	51,0	55684	21,4
34	0,07	439099	9383	2,1	75995	17,3	94183	21,5	166391	37,9	93147	21,2
11	0,04	204590	4904	2,4	47236	23,1	77420	37,8	60601	29,6	14429	7,1
2	0,02	57439	2046	3,6	20221	35,2	17113	29,8	15767	27,4	2292	4,0
3	0,01	195861	8785	4,5	75679	38,7	80163	40,9	23725	12,1	7509	3,8
7	0,01	311587	9506	3,0	101919	32,7	130861	42,0	36995	11,9	32306	10,4
4	0,02	61838	4323	7,0	23068	37,3	11900	19,2	14630	23,7	7917	12,8
6	0,01	204585	28199	13,8	101894	49,8	41182	20,1	21962	10,7	11348	5,6
—	—	5115	1268	24,8	1784	34,9	456	8,9	1607	31,4	—	—
219	0,05	3085597	83467	2,7	665280	21,6	851290	27,6	1020462	33,0	465098	15,1

Tabelle II. Die Forsten Preußens nach dem Besitzstande im Jahre 1883.

Landestheile.	Von der gesammten Forstfläche sind:											
	Kron- und Staatsforsten		Staats-antheilsforsten		Gemeindeforsten		Stiftungsforsten		Genossenforsten		Privatforsten	
	ha	%	ha	%	ha	%	ha	%	ha	%	ha	%
1	2	3	4	5	6	7	8	9	10	11	12	13
Provinz Ostpreußen . . .	370571,8	56,0	—	—	27657,4	4,2	5333,0	0,8	7079,1	1,0	251425,3	38,0
„ Westpreußen . .	278594,4	52,1	—	—	18612,3	3,5	1355,1	0,2	918,7	0,2	235367,9	44,0
Stadt Berlin	—	—	—	—	—	—	—	—	—	—	34,0	100,0
Provinz Brandenburg . .	423275,2	32,7	114,0	0,0	88603,5	6,8	15078,7	1,2	7627,4	0,6	759961,5	58,7
„ Pommern	180773,8	30,4	—	—	45685,4	7,7	6217,1	1,0	1386,9	0,2	360770,8	60,7
„ Posen	164582,7	28,2	—	—	11630,8	2,0	4047,5	0,7	382,5	0,1	403265,9	69,0
„ Schlesien	162303,3	14,0	—	—	85577,1	7,4	13455,3	1,2	2284,0	0,2	893221,3	77,2
„ Sachsen	172786,6	33,5	—	—	38315,0	7,4	5833,0	1,1	20096,6	3,9	279418,6	54,1
„ Schlesw.-Holstein	31143,3	26,0	6,4	0,0	9525,5	8,0	1655,5	1,4	461,5	0,4	76898,0	64,2
„ Hannover	235794,6	38,0	2896,8	0,5	27110,5	4,4	14143,0	2,3	90189,8	14,5	250025,9	40,3
„ Westfalen	45089,6	8,0	412,2	0,1	60953,7	10,8	5999,8	1,0	43622,7	7,7	410065,8	72,4
„ Hessen-Nassau .	257331,2	41,0	1123,5	0,2	217385,7	34,6	9276,0	1,5	37036,9	5,9	105370,2	16,8
„ Rheinland . . .	142321,4	17,1	66,4	0,0	325437,0	39,2	5459,8	0,7	25639,3	3,1	331940,8	39,9
Hohenzollern	—	—	—	—	20590,0	54,0	591,4	1,6	279,7	0,7	16672,3	43,7
	2464567,9	30,2	4619,3	0,1	977083,9	12,0	88445,2	1,1	237005,1	2,9	4374438,3	53,7